Wege zu alten Bäumen

Band 12 – Baden-Württemberg

Hans Joachim Fröhlich

Wege zu alten Bäumen

Band 12 – Baden-Württemberg

Kuratorium
„Alte liebenswerte Bäume
in Deutschland" e.V.
Wiesbaden

WDV Wirtschaftsdienst OHG

Gestaltung: KES München,
Michael Ewerbeck und
Dieter Strothmann.
Generalkarte Mairs Geografischer
Verlag Stuttgart,
Blatt 30, 31, 32, 33, 34, 35
Lithographie:
Multi-Creativ-Repro GmbH,
Holzkirchen
Gesamtherstellung:
Druckhaus Münster, Kornwestheim
ISBN: 3-926181-26-5, 1995

Bäume auf nicht öffentlich zugänglichem Privatgrundbesitz bedürfen bei Besichtigung der Zustimmung des Eigentümers.

Titelbild: Katalog Nr. 250, Eiche am „Käpfle“ bei Bronnweiler

Bildnachweis: Fröhlich, H. J. mit
Leica
Leffers, Arno
Obertreis, Walter

Über dieses Buch

Mit Band 12 – Baden-Württemberg – schließen wir die Serie „Wege zu alten Bäumen" ab. Sie umfaßt dann alle Bundesländer in West und Ost.

Was wollte das Kuratorium „Alte liebenswerte Bäume in Deutschland" mit dieser umfangreichen Erarbeitung der alten Bäume bewirken und warum wird als letzte Arbeit Baden-Württemberg vorgestellt?

Die deutschen forstlichen Versuchsanstalten bewerkstelligten ab 1880 den großflächigen Versuchsanbau fremdländischer Baumarten, um das Artenspektrum der deutschen Wälder zu bereichern. Sie gingen dabei von der Überlegung aus, daß die Wälder Mitteleuropas vor der Eiszeit wesentlich artenreicher waren als im 19. Jahrhundert. Etwa 20 Jahre später rief die Preußische Staatsforstverwaltung zur Erfassung der bemerkenswerten Sträucher, Bäume und Bestände auf. Dieses sollte wieder eine gemeinsame Arbeit von Waldbesitzern und Forstleuten werden. Die Ressonanz war recht unterschiedlich. Zuerst wurde das Forstbotanische Merkbuch von Professor Dr. Conwentz für Westpreußen – 1900 – erarbeitet, das als Musterbeispiel Anregungen für zahlreiche nachfolgende Werke lieferte. Es folgte 1905 Pommern und Hessen-Nassau, 1906 Schleswig-Holstein und 1907 Hannover. Andere deutsche Länder griffen die Idee auf, setzten sie in die Tat um. Bayern kam mit den größten, ältesten und anderen merkwürdigen Bäumen in Wort und Bild bereits 1900 ebenfalls zur Veröffentlichung. Westfalens bemerkenswerte Bäume wurden 1904 in einem Band vorgestellt. Im gleichen Jahr kamen auch die Bäume aus dem Großherzogtum Hessen in Buchform heraus, 1909 wurde ein Forstbotanisches Merkbuch aus der Umgebung von Marburg veröffentlicht. Die bemerkenswerten Bäume im Großherzogtum Baden wurden von Ludwig Klein 1908 vorgestellt. Er verweist sehr präzise auf die Vorarbeiten von Conwentz. Das Schwäbische Baumbuch, bearbeitet von Speidel und Feucht, erschien 1911. Die Baden-Württembergische Forstverwaltung hat 1978 mit der Arbeit von Hockenjos „Begegnung mit Bäumen" diese Serie wieder aufgegriffen. Ihr folgten in Hessen 1984 die Veröffentlichung „Alte liebenswerte Bäume in Hessen", die 1989 mit den Bäumen der Bundesrepublik und der damaligen Deutschen Demokratischen Republik ergänzt wurde.

Die Serie „Wege zu alten Bäumen" hat das Ziel, wiederum durch eine umfassende Inventur auf die Bedeutung der alten Bäume aufmerksam zu machen. Da Baden-Württemberg offensichtlich die stärkste dendrologische Bearbeitung nachweisen konnte, wurde diese Aufnahme als Abschluß vorgesehen.

Es kommt noch ein weiterer Beweggrund hinzu: Seit den 70er, insbesondere den 80er Jahren leiden Baum und Wald unter der starken Luftbelastung und Bodenversauerung. Die alten Bäume sind ganz besonders stark gefährdet. Deshalb sollten die Wege zu ihnen geöffnet werden, nicht um einen zu befürchtenden Tourismus zu initiieren, sondern um diese unersetzlichen Naturschöpfungen, die zugleich wertvolle Kulturgüter sein können, in das Bewußtsein der Menschen zu stellen und ihnen zu helfen. Um der Besorgnis entgegenzutreten, die Bäume würden durch Bekanntwerden zu sehr von Menschen belastet, können wir aus unseren jahrelangen Erfahrungen sagen, daß die Menschen, die zu Bäumen wandern, diese erleben und auch mit ihnen Zwiesprache halten, schonend und bewußt mit den Veteranen umgehen. Zudem wächst das Engagement der Menschen für alte Bäume, wenn sie diese erlebt haben.

Wiederum hat uns die Forstverwaltung sehr maßgebend geholfen und wirkungsvoll unterstützt. Der Leiter der Landesforstverwaltung, Herr Landesforstpräsident Dr. Wilfried Ott, hat seine Forstämter um Bekanntgabe der Bäume angehalten. Wir haben viele gute Hinweise erhalten. Die Naturschutzbehörden sowie die Kreisbeauftragten für Naturschutz haben die Arbeit ebenfalls wirkungsvoll unterstützt.

Wir haben nicht alle bemerkenswerten alten Bäume erfaßt, dies konnten wir nicht und dies wollten wir auch nicht. Wir hoffen aber, einen Querschnitt beschrieben zu haben, der für das Land weitgehend repräsentativ sein dürfte. Wir wollen weitere Arbeiten und Hilfe für alte Bäume anregen.

Unsere Auswahlgrundsätze werden wie folgt definiert:

– hohes Alter, das weit über das wirtschaftliche Nutzungsalter hinausgeht,

– besondere Größe und Gestalt, so daß die Bäume in Höhe und Stammdurchmesser die normal bekannten Ausmaße überschreiten und durch Wuchs- und Erscheinungsformen eine imponierende Gestalt einnehmen,

– besondere Wuchsformen, die vom Normalbau der Baumart erheblich abweichen, z. B. bizarre Wuchsformen, Verwachsungen, mächtig ausladende Krone oder Mutationen wie ahornblättrige Esche o. ä.,

– historische Hintergründe, z. B. Gerichts-, Galgen- oder Opferbäume oder Beziehungspunkte zu geschichtlichen Ereignissen wie Bonifatiuslinde, die nachweislich von Bonifatius gepflanzt wurde, die Blüchereiche, an der Blücher seinen Sieg feierte o. ä.,

– Seltenheit, seltene Arten mit herausragender Wuchsleistung oder besonderer Schönheit wie alte Eiben, Elsbeere, Speierling oder Wildobstarten.

Besonders erstrebenswert sind die Kombinationen der verschiedenen Typen.

Die Sammlung wurde wiederum von Nord nach Süd, getrennt nach Regierungsbezirken, Landkreisen und kreisfreien Städten aufgebaut und kartenmäßig festgehalten. Ein Ortsregister erleichtert das Auffinden.

Sollten Sie Fragen haben, so wenden Sie sich an die Schutzgemeinschaft Deutscher Wald, ihre Kreis- und Ortsverbände oder an die Naturschutzbehörden und an die Forstdienststellen. Sie werden Ihnen gerne helfen.

Zentrale Ansprechpartner:
Schutzgemeinschaft Deutscher Wald, Landesverband Baden-Württemberg, Kernerplatz 10, 70182 Stuttgart 1, Tel.: 0711/292099, Fax: 0711/2262455

Kuratorium Alte liebenswerte Bäume in Deutschland e.V., Wandersmannstraße 60, 65205 Wiesbaden, Telefon: 0611/71 14 71, Telefax: 0611/71 32 68.

Inhaltsverzeichnis

Der Baum als Symbol

Baumrecken zwingen Ehrfurcht ab und lassen Geschichte lebendig, Gegenwart wichtig und Zukunft lebenswert erscheinen. Sie können Freunde des Menschen werden, uns viel sagen, vor allem Natur und Schöpfung uns nahebringen, zum Nachdenken anregen, die Alltagshektik dämpfen und zudem auch Freude ausstrahlen und Lebensmut geben.
Alte Bäume sollen auch Mahner sein, die Gesetze der Natur zu erkennen und zu wahren und das Leben nicht nur unter technischen oder materiellen Aspekten zu sehen. Sie sollen uns Kraft und Hoffnung geben, die Zukunft zu meistern, das Spannungsfeld zwischen Ökonomie und Ökologie in Einklang zu bringen, mit Tatkraft nach vorne zu wirken, frei vom Augenblick mit guten Zielen und Wegen.

Schließen wir uns Hermann Hesse an:

„Bäume sind Heiligtümer. Wer mit ihnen zu sprechen, wer ihnen zuzuhören weiß, der erfährt die Wahrheit. Sie predigen nicht Lehren und Rezepte, sie predigen, um das einzelne unbekümmert, das Urgesetz des Lebens“.

Freunde brauchen die Bäume mehr denn je, da der Wald unter der Unvernunft des Menschen leidet und mancherorts schon stirbt. Vielleicht gibt es schon bald keine Baumveteranen mehr, jene mächtigen, starken Gestalten, die jahrhundertelang Sturm, Regen, Eis und Hitze getrotzt haben und nun in ganz kurzer Zeit von dem Ausstoß der Fabriken, Heizkraftwerke, unserer Häuser und Autos krank werden.

Man muß mit Kurt Tucholsky fragen:

„Ein alter Baum ist ein Stückchen Leben. Er beruhigt. Er erinnert. Er setzt das sinnlos heraufgeschraubte Tempo herab, mit dem man unter großem Geklapper am Ort bleibt. Und diese alten Bäume sollen dahingehen, sie, die nicht von heute auf morgen nachwachsen? Die man nicht „Nachliefern" kann?"

Einen alten Baum kann der Mensch nicht ersetzen. Seine Persönlichkeit wurde in Jahrhunderten geprägt und entsteht nie wieder. Häuser, Schlösser oder auch Dome lassen sich rekonstruieren. Ein Baum läßt sich nicht zwingen und auch bei bester menschlicher Technik nicht wieder aufbauen.

Heilige Bäume

In Heiligen Bäumen werden Gottheiten verehrt und die Beziehungen zu ihnen aufgenommen. Ein solcher Baum wird bereits 2000 Jahre vor Christus im Gilgamesch-Epos als Zeder beschrieben. Buddha liebte den Feigenbaum, unter dem er geboren und später erleuchtet wurde, Gott Zeus war mit der Eiche und seine Frau Hera mit dem Granatapfel, Apollo mit dem Lorbeer und Artemis mit dem Nußbaum verbunden.

Gerichtsbaum

Jahrhundertelang wurde in Deutschland unter Bäumen gerichtet. Der meist verbreitete Gerichtsbaum war die Linde, in der die Göttin Freia mit der Kraft der Weissagung lebte. Auch die Eiche wurde als Gerichtsbaum ausgewählt, oft in anderen Gegenden oder zu anderen Gerichten.

Maibaum

Heute noch gebräuchlich sind der Maibaum – Erwachen der Natur und Fruchtbarkeit, der Richtbaum – Segen für das Haus, der Christbaum – Weihnachtssymbol und der Tanz- oder Dorfbaum als Zeichen der Gemeinschaft. Immer erhoffen die Menschen sich Kraft, Zuversicht und Freude von ihren ausgewählten Bäumen.

Weltenbaum

In zahlreichen Kulturkreisen haben Bäume eine besondere Symbolkraft. In den Mythen fast aller Völker verkörpert der Weltenbaum das Sinnbild des ewigen Lebens und verbindet Himmel und Erde und Unterwelt – Weltesche Yggdrasil der Edda des 13. Jahrhunderts.

Lebensbaum

Der Lebensbaum umfaßt den gleichen mystischen Kreis – Unsterblichkeit, Jugend, Gesundheit – und tritt in zahlreichen Gesalten auf: in der assyrischen Kunst als Lotos oder Pinie, in Ägypten als Dattelpalme oder in Indien als Palme. Beim Christentum wächst er inmitten des Garten Eden – Bibel Gen. 2/16. Neben ihm steht der

Baum der Erkenntnis

Baum der Erkenntnis, der die Polarität von Gut und Böse, Leben und Tod oder Mann und Frau verkörpert.

Wald und Baum in Baden-Württemberg

Das 1952 im Südwesten Deutschlands gegründete Bundesland Baden-Württemberg zeichnet sich sowohl durch seine Bevölkerungsstruktur, seine Abgrenzung von Industrie- und Landwirtschaftsräumen als besonders auch durch seine vielgliedrigen, ganz unterschiedlichen Landschaften aus. Mit seinen rund 36.000 qkm ist es der drittgrößte Flächenstaat. Den gleichen Rang erreicht er im Bundesgebiet mit seiner Einwohnerzahl von 10,1 Millionen. Im Landesdurchschnitt kommen auf einen Quadratkilometer 280 Einwohner. In den industriellen Ballungsräumen – mittlerer Neckar, Rhein-Neckar, mittlerer Oberrhein – steigt diese Zahl erheblich an. Denn immerhin wohnt ein Drittel der Bevölkerung in dieser Region.

Ebenso unterschiedlich sind Waldverteilung und Waldtypen. Dicht nebeneinander liegen waldarme Gebiete wie das oberrheinische Tiefland oder das Neckarland und ausgesprochene Waldlandschaften wie der Schwarzwald, der mit fast 400.000 ha zu 75 % bewaldet ist oder die schwäbische Alb mit ihren artenreichen Kalkwäldern.

Mit 37 % Waldanteil liegt Baden-Württemberg über dem Bundesdurchschnitt von 30 %.

Wenn man die Waldverhältnisse, den derzeitigen Waldaufbau, die waldpolitischen und naturschutzangepaßten Programme erkennen will, dann muß man wie in allen anderen Teilen

Deutschlands in die Vergangenheit zurückgehen und die Waldgeschichte studieren.

Der fruchtbare Teil Südwestdeutschlands wurde ungewöhnlich früh besiedelt. Denn schon in der Jungsteinzeit, gegen Ende des 3. Jahrtausends vor Christi, lassen sich bäuerliche Siedlungen nachweisen. Natürlich war es damals ein Waldland und blieb es auch nach der alemannischen Landnahme im 3. Jahrhundert nach Christi bis weit ins Mittelalter. Zwischen 800 und 1300 n. Chr. setzten gewaltige Waldrodungen ein, die praktisch die heutige Verteilung zwischen Wald und Feld bewirkten. Zwar gab es geringfügige Veränderungen und eine Zunahme des Waldes auf den armen Böden, wie z. B. während und nach dem Dreißigjährigen Krieg, aber die rasche Bevölkerungsentwicklung im 18. Jahrhundert hat dafür gesorgt, daß der Wald in seine alten Grenzen zurückgedrängt wurde. Eine neue Aufforstungswelle setzte nach dem Zweiten Weltkrieg ein, die Waldfläche wurde auf über 100.000 ha erweitert, vor allem auf landwirtschaftlichen Flächen, die wenig ertragreich waren.

Wie in allen anderen Teilen des dichter besiedelten Deutschlands mußte der Wald unter den Menschen ungeheuer leiden. Die steigende Einwohnerzahl zu Beginn der Neuzeit, die schnell sich entwickelnde Industrialisierung – insbesondere im 18.

Jahrhundert – stellten ungeheure Forderungen an den Wald. Das Holz, der einzige Energieträger, wurde immer stärker und rücksichtsloser genutzt. Wenn man bedenkt, daß um 1800 in Deutschland noch 90 % des Holzes verbrannt wurde – 1850 sank der Anteil auf 50 % ab, 1900 stand er nur noch bei 25 % und heute ist er praktisch bedeutungslos – dann kann man sich vorstellen, welche Holzmengen aus den fernsten Winkeln des Waldes herausgeholt wurden. Daneben war das Holz wichtiger Baustoff für Haus, Stall und Scheune und gleichzeitig Energieträger für Verhüttung, Verkohlung und andere gewerbliche Zwecke. Insbesondere mußte die Landwirtschaft durch Eintrieb großer Viehherden den Wald nutzen. Für den Schweineeintrieb bevorzugte man masttragende Baumarten wie Eiche und Buche, stellte diese solitär und sorgte dafür, daß möglichst viele Früchte den Tieren zugute kamen. Durch Rinder, Ziegen und Schafe wurde jedes keimende Bäumchen verbissen. Das Laub der Bäume kam als Futter und Streu in die Höfe. Der Wald verarmte völlig. Die damaligen Baumzahlen pro Hektar erreichten Vorratswerte von etwa zehn Prozent des heutigen Standes. Ein beinahe hoffnungsloses Bild!

Man schätzt, daß an der Wende vom 18. zum 19. Jahrhundert ein Drittel der Waldfläche mehr oder weniger holzlos war.

Dies änderte sich erst durch Düngung, Stallhaltung und den Einsatz von Kohle. Für das Gebiet des Schwarzwaldes ist noch eine Besonderheit anzumerken. Hier setzte sehr früh – ab dem 18.Jahrhundert – der Holzexport ein, der mit riesigen Flössen das begehrte Material den Rhein hinunter verfrachtete. Das Gewinnstreben ließ selbst die entlegenen Teile des Gebirges nicht ungeschont, so daß wir heute nur wenige unzugängliche natürliche Bestände vorfinden, wie z. B. den Urwald am Wilden See. Der von Waldweide und übertriebener Holznutzung befreite Wald konnte aufatmen, die Forstwirtschaft begann sich Anfang des 19. Jahrhunderts zu entwickeln und zu formieren. Man fing an, einen neuen Wald aufzubauen. Dieser sollte im Zeitalter der Industrialisierung und der merkantilen Wirtschaftsbestrebungen nicht mehr Brennholz oder Früchte für Tiere liefern, sondern klar auf ökonomische Zielsetzungen aufgebaut werden. So begann der Siegeszug der Nadelbäume, die vielerorts auch die einzige Alternative zu den stark devastierten Waldböden darstellten. Es kann jedoch kein Zweifel bestehen, daß im 19. und in der ersten Hälfte des 20. Jahrhunderts Waldbesitzer und Forstleute eine landeskulturelle ungeheuer hohe Leistung mit der Wiederbegründung von stammzahlreichen, vorratsintensiven und nachhaltig zu nutzenden Wäldern erbracht haben.

Die Landesforstverwaltung von Baden-Württemberg hat 1994 in einem Vergleich mit den aus Pollenanalysen rekonstruierten Naturwald und der heutigen Bestockung eine Gegenüberstellung gefertigt, die zeigt, was aus dem ehemaligen Naturwald heute entstanden ist:

Baumartenzusammensetzung in Prozenten der Waldfläche

	Naturwald	**Heutiger Wald**
Fichte	3	45
Tanne	16	8
Douglasie	0	2
Kiefer/Lärche	4	10
Nadelbäume insgesamt:	**23**	**65**
Buche	53	19
Eiche	16	6
Sonstige Laubbäume	8	10
Laubbäume insgesamt:	**77**	**35**

(aus „Geheimnis Wald“ 1994).

Die derzeitige Forstpolitik strebt eine naturnahe Waldwirtschaft an, die sich in ihrer Baumartenzusammensetzung an die natürlichen Waldgesellschaften anlehnt. „Ziel des waldbaulichen Handelns ist nicht mehr die Unterwerfung, sondern die Arbeit mit der Natur und die naturkonforme Nutzung. Menschliche

Zwecke und Bedürfnisse werden der Natur nicht mehr einfach übergestülpt, vielmehr soll die Natur dem Menschen dienbar gemacht werden, ohne sie zu vergewaltigen. Für die einzelnen Wuchsgebiete des Landes – siehe Karte – sollen die typischen Waldgesellschaften wieder angebaut und durch ein Netz von sich überlassenen Waldbeständen, den Bann- und Schonwäldern ergänzt und bereichert werden. Der Bannwald ist ein sich selbst überlassener Wald, in dem keinerlei forstwirtschaftliche Maßnahmen, sei es Holznutzung oder -pflanzung, ergriffen werden. Sie sollen die „Urwälder von morgen" werden und einen Einblick in das ewige Werden und Vergehen der Wälder geben."

Im Schonwald sollen durch gezielte Pflegemaßnahmen bestimmte Bestandesformen oder -typen erhalten werden.

Der erste Bannwald wurde bereits im Jahre 1911 durch die damalige Württembergische Forstdirektion am Wilden See im Nordschwarzwald errichtet. Im badischen Landesteil kam es in den 50er Jahren zur Ausscheidung mehrerer Bannwälder. 1994 existierten 66 Bannwälder mit rund 2.500 ha und 335 Schonwälder mit mehr als 10.000 ha Waldfläche. Die Konzeption der Forstverwaltung zielt auf eine Verdoppelung der Waldschutzgebiete auf insgesamt zwei Prozent der Waldfläche hin, wobei die Bannwälder den fünffachen

Umfang bei einer Größe von jeweils etwa 150 ha erreichen sollen. Dies stellt eine unübersehbar hohe Leistung dar, die das an sich schon größte und vielfältigste Ökosystem – der Wald – für den Naturschutz bringt. Daneben sind zahlreiche weitere Naturschutzprogramme wie Waldbiotopkartierung, Gestaltung der Waldränder oder Belassen von Totholz sowie reine Schutzprogramme angelaufen bzw. in vollem Gang.

Die sogenannten neuartigen Waldschäden gingen auch an den Wäldern Baden-Württembergs nicht vorüber. In den 70er Jahren begann die Krankheit mit Gilben und Nadelabwurf bei den Tannen. In den 80er Jahren wurden auch die übrigen Baumarten, vor allem die Fichte, geschädigt. Am günstigsten hat sich die Kiefer gehalten. Anfang der 90er Jahre setzte, wie überall in Deutschland, eine starke Schädigung der bis dahin stabil wirkenden Eiche ein, die heute in ihrem Schadausmaß beinahe das Niveau der Tanne erreicht hat.

Die Schadenskartierung zeigt eine starke Differenzierung nach Regionen. Wie überall in Deutschland sind am stärksten die Hoch- und Luvlagen beeinträchtigt, wie die Wuchsgebiete Schwarzwald, Odenwald und Baar-Wutach. Die besseren Werte haben die oberrheinische Tiefebene und das südwestdeutsche Alpenvorland.

Der Baum hat in Baden und in Württemberg und nachfolgend auch in

Baden-Württemberg eine gute traditionsreiche Geschichte. 1908 erarbeitete der Badische Geheime Hofrat und Ordentliche Professor der Botanik und Direktor des Botanischen Institutes und des Botanischen Gartens an der Technischen Hochschule Karlsruhe, Dr. Ludwig Klein, ein Standardwerk „Bemerkenswerte Bäume im Großherzogtum Baden (Forstbotanisches Merkbuch)". Drei Jahre später gab die Königlich Württembergische Forstdirektion das „Schwäbische Baumbuch" heraus, das von Forstrat Speidel und Forstassessor Otto Feucht erarbeitet worden war. In den 70er Jahren hat die Landesforstverwaltung Baden-Württembergs diese Arbeiten wieder aufgegriffen und eine neue Darstellung alter Bäume veranlaßt. Die Arbeit wurde von Wolf Hockenjos unter dem Titel „Begegnung mit Bäumen" sehr wirkungsvoll gestaltet.

Die Bäume haben in Baden und in Württemberg und später auch in dem Lande Baden-Württemberg die Liebe, Anerkennung und Aufmerksamkeit gefunden. Man kann dieses mit Freude aus den alten und neueren Werken herauslesen.

Der Altvater der Bäume Badens, Professor Dr.Ludwig Klein, hat acht Jahre lang intensiv Material gesammelt, beschrieben und vielfach fotografiert, um 1907 sein Standardwerk herauszubringen. Es begeistert heute noch, bleibt hochinteressant und zeigt, wie man schon damals die

Bäume durch Abbildungen den Menschen näherbringen konnte. Interessant ist die in seinem Werk festgelegte Vielseitigkeit. Er wollte bemerkenswerte Bäume erfassen. Hierunter verstand er, „durch Schönheit, Alter und Größe besonders ausgezeichnete Baumgestalten“ und „vom Typus auffallend abweichende Spielarten und Wuchsformen sowie Standortmodifikationen, die durch den Standort geprägt sind und vom normalen Habitus einer Baumart abweichen“. Seine Zielsetzung deckt sich mit der, die in der Serie „Wege zu alten Bäumen“ auch beschrieben wurde. Mit zwei kleinen Unterschieden: Er hat keine Parkbäume behandelt und hat seltene Baumarten nur dann aufgenommen, wenn sie den vorgenannten Anforderungen entsprachen. Er wollte damit für Baden die Serie der Forstbotanischen Merkbücher der Preußischen Staatsforstverwaltung fortsetzen, jedoch mit wesentlich mehr Abbildungen und ausführlicherem Text darstellen.
Von Prof. Klein stammt auch die Abwandlung des bekannten Sprichwortes „Er sieht vor lauter Bäumen den Wald nicht“. Seine Formel lautet: „Die meisten Menschen sehen vor lauter Wald die Bäume nicht“. Deshalb wollte er dem Naturfreund lehren, wie man Bäume richtig sehen soll und was man mit ihnen erleben kann. Er wollte sich an eine breite Bevölkerungsschicht wenden und

allgemein verständlich bleiben. Ganz fortschrittlich wollte er auch den Blick der Ferien- und Kurgäste des Badener Landes auf Bäume, Wald und Natur lenken und meint:
„Wem das Auge erst einmal geöffnet, der Blick erst einmal geschärft ist, dem bietet dann fast jeder Spaziergang im Bergwald, auch bei Regenwetter, neuen und ungeahnten Naturgenuß".
Sein Buch ist nach Baumarten gegliedert, wobei die Nadelhölzer im Vordergrund stehen. Seine besondere Zuneigung findet die „langweilige Fichte", die in zahlreichen Formen und Spielarten liebevoll von ihm vorgestellt wird, insbesondere mit einer Fülle von Hänge-, Trauer-, Schlangen- oder Säulenfichten, aber auch mit astlosen und kugelförmigen Hexenbesen bis hin zu kümmernden Zwergfichten. Ein bemerkenswertes liebens- und lesenswertes Baumbuch.
Das Schwäbische Baumbuch baut ganz bewußt auf dem Autor von Conwentz auf und bescheinigt ihm geradezu den gedanklichen Durchbruch und die Kraft für eine Bewegung, die sich zum Wohle der alten Bäume länderübergreifend durchsetzte. Es ist geschichtlich sehr interessant, daß bereits 1850 in dem amtlichen Forstorgan, der Monatsschrift für das Württembergische Forstwesen, eine Spalte für die Beschreibung „Merkwürdiger Bäume" offen gehalten und die Forstleute zu entspre-

chenden Mitteilungen aufgefordert wurden. Von 1894 bis 1897 wurden in den „Blättern des Schwäbischen Albvereins“ „Alte, schöne und interessante Bäume in Württemberg“ vorgestellt. Noch intensiver widmete sich der Lehrerverein für Naturkunde der Aufgabe, ein Württembergisches Merkbuch nach dem Vorbild von Conwentz zu schaffen.

All diese Aktivitäten konnten erst auf gesicherte Grundlagen gestellt werden, nachdem die Forstverwaltung ganz gezielt durch einen 1907 ergangenen Erlaß zur Aufnahme, Erhaltung und Pflege der Naturdenkmale innerhalb und außerhalb des Waldes und sogar in den Parks und dem besiedelten Raum beauftragt wurde. Die Förster haben viele freiwillige Helfer angesprochen und bei Lehrern, Bürgermeistern, Geistlichen und Naturschützern eine breite Unterstützung erfahren. Sind dies nicht schöne Beispiele für heutige freiwillige Naturschutzarbeit?

Die Autoren – Dr. Speidel und Feucht – haben dieses umfangreiche Material ausgewertet, ergänzt und historisch bearbeitet. Es entstand ein heute immer noch bemerkenswertes, gut bebildertes Werk. Man ging nicht nach Baumarten vor, wie es das Badische Baumbuch bevorzugte, man beschrieb die Regionen – oder wie wir heute sagen würden – die Wuchsgebiete des Landes mit ihren interessanten Funden. Jedes einzelne Exemplar wird eingehend beschrieben

und vermessen. Der Weg zum Standort kann gut gefunden werden und die Geschichte wird in Nachforschung und Legende plastisch geschildert. Viel Wunderbares und Aufregendes findet man in diesem Werk und manche Bäume können auch heute noch bestaunt und erlebt werden.
Der Bearbeiter und Autor des Buches „Begegnung mit Bäumen", der Forstamtsleiter von Villingen-Schwenningen, Herr Wolf Hockenjos, baut ganz klar auf den Badischen und Württembergischen Baumbüchern auf. Die Forstämter des Landes erhielten einen Katalog aus diesen beiden Büchern, mit der Bitte zu prüfen, welches Schicksal die alten Recken nach sieben Jahrzehnten erlitten haben.
Unter dem Motto „Freude an Bäumen wecken" fotografiert der Verfasser zahlreiche Baumpersönlichkeiten und geht vor allem ihrer Geschichte nach, die er mit Spannung erzählt und dokumentiert. Es ist erfreulich, was er vielfach über die alten Aufnahmen von Klein und Speidel-Feucht noch zu berichten weiß.
Auch der vorliegende Band will die Freude und Liebe zu alten Bäumen wecken und gleichzeitig den Menschen in unserer hektischen Zeit Hoffnung und Zukunftsperspektiven geben. Er will damit bewußt die Tradition der Baumgeschichten dieses Jahrhunderts fortführen.

Zehn Baumgeschichten

Bäume im Schönbuch

Zwischen Stuttgart, Böblingen und Tübingen liegt der Höhenzug mit dem Namen Schönbuch. Er gilt als eines der interessantesten Naherholungsgebiete in einem dicht besiedelten Raum – abwechslungsreich durch liebliche Täler, Hügel, Berghänge und Hochflächen -, vor allem aber geprägt durch die Schönheit seiner Wälder. Selten findet man in einer anderen Region eine solche Fülle von alten, mächtigen Bäumen, insbesondere von Alteichen, aber auch interessanten Buchen und Linden. Viele dieser Baumveteranen tragen Namen und weisen auf historische Begebenheiten hin, wie die Förstereiche bei Hildrizhausen mit dem Försterstein, auf dem die Namen aller Forstamtsvorstände seit 1800 in Stein gemeißelt sind. Die Kreuzbuche im Schönbuch bei Dettenhausen trägt in ihren Wurzelanläufen ein Kreuz mit der Jahreszahl 1634, das sogenannte Schwedenkreuz, das an Ereignisse des Dreißigjährigen Krieges erinnert. Die Sulzeiche bei Walddorfhäslach im Kreis Tübingen soll im Dreißigjährigen Krieg gekeimt und solitär aufgewachsen sein. Der Name soll auf eine Salzlecke für das Wild hinweisen, die hier früher existierte. Ihre starken Äste in der Krone, ihre volle Verzweigung lassen diese Annahme durchaus zutreffend erscheinen.

Die Hubertuseiche ist dem Heiligen Patron der Jäger gewidmet und vielfach Treffpunkt der Jagdgesellschaften gewesen. Warum eine andere Eiche als Schnapseiche bezeichnet wird, blieb verborgen. Die Heimatgeschichte weiß über zwei Begebenheiten zu berichten : 1. Die Bauern aus dem nördlichen Schönbuch brachten über den „Steinigen Weg", auch „Rheinsträßchen"genannt, ihr Korn zur Schnapseiche, um es bei den Schnapsbrennern aus dem Neckartal einzutauschen. 2. Während der Königsjagden im Schönbuch erhielten die zum Frondienst gezwungenen Treiber hier einen Schnaps zum Aufwärmen. Das Naturdenkmal „ 24 Buchen" steht neben den 13 Buchen und wirkt wie ein gewaltiger, aus Stämmen gebildeter Strauß. Die Wanderkarte des Schönbuch zeigt viele weitere alte Bäume wie die Kaiser- oder die Schlagbaumlinde, sogar nordwestamerikanische Mammutbäume sind verzeichnet.

Försterseiche bei Hildrizhausen

Im Osten des Schönbuch wachsen in einem acht Hektar großen Bannwald- und Naturschutzgebiet mächtige Eichen und Buchen, in den Bestandeslücken siedeln sich wieder Birken, Salweiden und Erlen an. Dieses Kleinod ist sich selbst überlassen, wird also wieder Urwald und bleibt von Menschen unbeeinflußt. Der Name geht auf den früheren Leiter des ehemaligen Forstamtes Einsiedel zu Anfang dieses Jahrhunderts zurück.

Man erreicht diesen „Eisenbachhain" von dem Schloß Einsiedel – im 15. Jahrhundert erbaut und teilweise

noch erhalten – über die Bebenhäuser Allee durch die erlebenswerte, 1,5 km lange Lindenallee, die um 1800 gepflanzt worden war. Sie bildet den Teil eines wichtigen Verbindungsweges zwischen Einsiedel und Stuttgart.
Wie erklärt sich dieser Reichtum an alten Bäumen?
Wie so oft in deutschen Waldgebieten hat der Jagdeifer der Herrschenden die Bäume alt werden lassen. Der Schönbuch war für die württembergischen Grafen, Herzöge und Könige ihr Lieblingsjagdgebiet. Die Grafen von Württemberg errichteten im 14. Jahrhundert die alleinige Herrschaft über den gesamten Höhenzug und gaben ihm eine eigene strenge Forstverwaltung, die bis zu Beginn des 19. Jahrhunderts tätig war. Sie sollte die Ansprüche der flächendeckenden Markgenossenschaft, die über 60 Siedlungen verfügte, in Grenzen halten und überwachen. Denn die Markgenossenschaft hatte das Recht, den Wald und das Weideland gemeinsam zu nutzen. Dies führte zu immer wiederkehrenden erheblichen Konflikten, die ganz besonders während des Bauernkrieges 1525 hervortraten. Deshalb erließ der Herzog von Württemberg 1526 die erste Forstordnung, der viele weitere folgten. Holznutzung, Weide und Mast sollten reguliert werden. Trotzdem konnten die Eingriffe in den Wald nicht verhindert werden. Die Ansprüche der Men-

schen stiegen stetig an, weil auch die Bevölkerung zunahm. Immer mehr Wald wurde in Weideland umgewandelt, so daß um 1800 ein Drittel der Gesamtfläche des Schönbuchs entwaldet und in Weideflächen umgewandelt worden war. Der lichte Zustand der Wälder und die starke Verarmung der Waldbestände geht deutlich aus dem Bericht von Johann Wolfgang von Goethe auf seiner Reise nach Italien 1797 hervor. Er fuhr am 7. September nicht zwischen Bäumen gen Tübingen, sondern durch eine weitläufige Parklandschaft. „Einzelne Eichbäume stehen hie und da auf der Trift, und man hat die schöne Aussicht der nunmehr näheren Neckarberge sowie einen Blick ins mannigfaltige Neckar-Thal".

Nicht allein die Landnutzung war für diese traurigen Verhältnisse verantwortlich, sondern auch die Jagdleidenschaft der Herrschenden, die das Rotwild in großen Herden erleben wollten. Eine Verjüngung von Buche und Eiche, die natürlichen Baumarten dieser Keuper-Landschaft, war deshalb fast völlig ausgeschlossen. König Friedrich I. gründete 1806 eine forstliche Zentralbehörde, baute die Verwaltung hierarchisch streng auf und erließ zahlreiche Reglementierungen für den Wald. Das 1822 erlassene Holzdiebstahlgesetz wurde zu einer harten Knute. Um den Wald wieder rentabel zu machen und weil standörtlich meist gar keine anderen

Möglichkeiten gegeben waren, hielt das Nadelholz Einzug in den Schönbuch. 1822 waren bereits 13 % der Fläche mit Fichte und Kiefer aufgeforstet.
Der im Revier Bebenhausen liegende 4.000 ha große Wildpark erinnert noch heute an den ehemaligen Wildreichtum des Schönbucher Gebietes. Hier können die Menschen in freier Natur Rotwild erleben oder in Schaugattern andere Wildarten beobachten.
In den letzten Jahren bemühte man sich, die Wälder wieder naturnah mit Laubhölzern stabil zu gestalten. Der Schönbuch wurde gerade wegen seiner prächtigen Wälder 1972 auf 15.600 ha als erster Naturpark des Landes Baden-Württemberg ausgewiesen und hat viele Freunde von Baum, Wald und Natur gewonnen.

Katalog-Nr. 161 – 163, 243 – 247

Lindenlaube in Hollenbach **)

Sie bildet wirklich eine Laube, diese alte Sommerlinde, die vor der Kirche in Hollenbach, einem Ortsteil der Gemeinde Mulfingen, den Kirchplatz beherrscht. Sie ist nur 18 m hoch, hat aber einen Kronendurchmesser von 22 m und einen gewaltigen Stammumfang von 740 cm.
Die unteren Äste wurden durch Anpflocken horizontal ausgezogen und richten sich am Kronenrand wieder auf. Sie werden durch ein mächtiges Traggerüst gestützt, das 1750 bereits erwähnt wurde. Damals bestand auch der Versammlungsplatz unter der Linde.

Der starke Stamm ist hohl, gut saniert und sehr knorrig.
Auf der Suche nach einem Gefallenendenkmal des Ersten Weltkrieges wurde der Vorschlag gern aufgenommen, „die einzigartige Linde selbst zum Denkmal zu machen". Man errichtete unter ihrem Dach aus Muschelkalk einen würfelartigen Altar und ersetzte die angepaßten Holzstützen durch kalte Betonstützen, auf denen je ein oder zwei Namen der Gefallenen eingemeißelt wurden.
Der Baum ist voll belaubt, blüht gut und macht einen gesunden Eindruck, insbesondere durch die jungen Äste, die aus dem alten Holz sprießen. Die Äste sind stark verkrümmt, beulig und knorrig – Zeichen für einen alten Baum! Wie alt mag dieses lebende Monument wirklich sein?
Der frühere Ortspfarrer stufte in der Ortschronik von 1890 den Baum auf mindestens 600 Jahre ein, ohne dies beweisen zu können. Bringt man die Linde mit dem Bau der Kirche in Verbindung, dann kommt man in das 12. Jahrhundert. Sollte die Annahme der Einwohner von Hollenbach richtig sein, daß in der Wetterfahne des Kirchturmes eine Urkunde über die Linde aufbewahrt wurde – was der Pfarrer verneint -, dann müßte die Linde noch älter als die Kirche sein. Ein Alter von 800 Jahren ist beträchtlich. Es dürfte für die Linde angemessen sein.

Katalog-Nr. 98

Lenzeiche bei Sichertshausen **)

Die Lenzeiche war einst ein Centbaum, einer von denen, die den Gerichtssprengel in seinen äußeren Grenzen abzusichern hatten. Welche Bedeutung solche Centbäume damals hatten, konnte der große Baumfreund und Verkünder der alten Bäume in Baden-Württemberg – Wolf Hockenjos – in seinem Buch „Begegnung mit Bäumen“ so trefflich schildern:
„Die Szenerie ist voll spukhaft raunender Mystik: überwachsene Hofstellen eines abgegangenen ‘öden’ Weilers, daneben die Alteiche. Es nahen drei Reiter: der Gerichtsdiener, Knecht des Centgerichts, in seiner Begleitung der Totengräber und der Flurer (Feldschütze). Der Centknecht steigt vom Pferd, tritt an den Stamm der Eiche heran und ruft mit weithallender Stimme: ‘Steht auf, ihr Toten, und kommt zum Gerichte!’ Noch während er ruft, nimmt er ein Beil zur Hand und haut einen Span aus dem zernarbten Stamm. Den Span versieht er mit einer Zahl und verwahrt ihn sodann sorgsam. Nun setzen die drei ihren Ritt fort. Ihr Weg ist seit unvordenklicher Zeit auf das genaueste vorgeschrieben.
Binnen vierundzwanzig Stunden muß der Gerichtssprengel, die Cent, umritten sein. Auf der Centgrenze stehen die Centbäume im Abstand von jeweils einer knappen Wegstunde; vor jedem wiederholt sich das seltsame Ritual – zusammen nicht weniger als hundertmal. Das Centge-

richt ist einzuberufen, und geladen sind nicht nur die Lebenden; beschrien werden auch die Toten. Am Gerichtsplatz eingetroffen, bilden die geladenen 'Centverwandten' um die Schöffen und den Centgrafen einen Kreis. Die Anwesenheit wird durch Verlesen der Ortsnamen festgestellt; werden die 'öden Weiler' aufgerufen und Orte, aus denen keiner erschienen ist, so wird stellvertretend der Span in den Kreis geworfen, den der Centknecht dem dortigen Centbaum entnommen hat. Tags darauf, wenn das Urteil gesprochen, der Delinquent seiner Strafe zugeführt ist, macht sich ein zweiter Bote auf den Weg, um die Späne dort, wo sie herausgebeilt wurden, wieder einzupassen. Paßt der Span, so ist der Aufruf nachweislich ordnungsgemäß erfolgt, so war das Beschreien der Cent auch in ihren entlegenen Ecken zu hören gewesen. Der Span als Kontrollinstrument für die Verläßlichkeit der Knechte, Bäume als Stützen altfränkischer Rechtspflege, als Säulen amtlicher Bekanntmachungen, als weithin sichtbare Grenzmarken der Verwaltungseinheiten".

Der mächtige Eichenpilz von 25 m Höhe zeichnet sich durch eine 30 m ausladende, kugelige, vollbeastete Krone aus, die ganz gleichmäßig nach allen Seiten ausgelegt ist. Die unteren Äste laufen in Manneshöhe fast waagerecht aus. Offensichtlich wurde der Wipfel des jungen Baumes in vier Meter Höhe geköpft,

und die Äste wurden in die Horizontale gezwungen. Heute müssen sie abgestützt werden. Der vollholzige Stamm hat einen Umfang von 610 cm, das entspricht einem Durchmesser von fast zwei Metern.
1987 wurde er angebohrt, um seine Jahrringe auszuzählen. Das Ergebnis war verblüffend: bei einem sehr gleichmäßigen Aufbau kommen nur 250 Jahre zustande – man würde fast die doppelte Zeit einschätzen.
Man findet ihn neben der Straße von Bartenstein nach Sichertshausen, einen Kilometer von der B 290 entfernt.

Katalog-Nr. 97

Linde in Meimsheim **)

Liest man in dem schwäbischen Baumbuch von 1911 die Lindenkapitel nach, dann kann man diese Linden nicht übersehen. Die Aufmerksamkeit wird schon durch die Einführung geweckt:
„... In überaus anmutiger Lage erhebt sich nördlich dem Pfarrdorfe Meimsheim die hübsche spätgotische Kirche mit ihren Linden, eine der glücklichsten Vereinigungen von Baukunst und Baumschmuck, die unser Land besitzt ...“
Die Sommerlinde wird als einer der ältesten Lindenriesen bezeichnet. Der anscheinend gesunde Stamm maß damals 835 cm im Umfang. Hockenjos kommt 1978 auf 900 cm, die sich auch bis 1986 nicht änderten. Der Baum hat zu Anfang des Jahrhunderts eine Höhe von 20 m und eine einseitige Astauslage bis zu 15 m

und macht auf den damaligen Abbildungen einen guten, vitalen Eindruck. Hierfür spricht auch die Tatsache, daß die Bürgerschaft bis vor wenigen Jahren einmal im Jahr zur Lindenblütenzeit in den frühen Morgenstunden unter Aufsicht des Feldschützen kletternd und mit Leitern Körbe voller Blüten werben durfte. Dies kann auf die Dauer selbst eine junge Linde nicht vertragen, viel weniger ein Baumveteran, der noch im 14. Jahrhundert als Gerichtsbaum diente und jahrhundertelang den Eingang der romanischen Martinskirche beschützte, die in der Mitte des 15. Jahrhunderts durch den jetzigen spätgotischen Bau ersetzt wurde.
Tritt man heute vor die Kirchenlinde, dann ist von ihrer Pracht nicht mehr viel übriggeblieben. Der Stamm ist auseinandergebrochen, die einzelnen Teile wurden durch Eisenstangen miteinander verbunden. Die waagrechten Äste sind abgestützt. Der ganze Baum hat noch eine Höhe von sechs bis acht Meter und legt nur wenige Meter aus. Er ist stark gestützt, vielleicht zu stark. Trotzdem wird man von dem Alter und dem Lebenswillen der Altlinde ehrfurchtsvoll gestimmt.

Katalog-Nr. 107

Kanzelbuche bei Sternenfels **)

Man findet auch in Schwaben Süntelbuchen, jene interessanten Baumformen, die flächen- und stammweise im Weserbergland erstmalig bekannt geworden sind und sich dadurch auszeichnen, daß sie weder im

Stamm noch in den Zweigen gerade zu wachsen vermögen. Die Triebe winden sich schlangenartig hin und her, knicken vor der Stammachse immer wieder ab, sind korkenzieherartig verdreht oder so gebogen, daß sie fast zurückwachsen und sich zu Schleifen verrenken können. Man nennt sie deshalb auch bezeichnend „Renkbuchen". Hier wie im Süntel und in Dänemark hat man sehr früh erkannt – und das schwäbische Baumbuch weist ausdrücklich darauf hin -, daß diese Form- und Wuchseigenschaften sich vererben. Denn immer wieder findet man in unmittelbarer Nachbarschaft Jungpflanzen, die die Wuchseigentümlichkeit bereits in früher Jugend deutlich erkennen lassen.

Die Teufelskanzel oder auch Kanzelbuche verdankt ihren Namen ihrer eigentümlichen Wuchsform. Wenige Meter über dem Boden teilt sich der Stamm in zwei Achsen. Der Hauptstamm windet und dreht sich gen Himmel und bildet einen eigenen Baumkörper, der wie eine Kanzel über der zweiten Achse steht, die 14 m nach der Seite fast horizontal ausgelegt und ebenso stark gedreht ist. Gegenüber den Angaben von 1910 hat der Baum an Höhe nur wenig zugenommen – von 10 m auf 14 m -, dies entspricht auch seiner genetischen Wuchsintensität. Im Dickenwachstum hat sich sein Stammumfang von 250 cm auf 340 cm erhöht, das sind 28 cm in 75 Jahren oder

3,5 mm je Jahr, ein sehr gedrosseltes Wachstum für eine Buche.
Der Baum soll um 1800 dem württembergischen König Friedrich aufgefallen sein, als er dort jagte. Er veranlaßte seine Unterschutzstellung. Somit dürfte sein Alter wesentlich höher liegen, als nach dem Durchmesser zu vermuten ist. Es wird auf etwa 300 Jahre geschätzt.

Katalog-Nr. 42

Urwald am Wilden See **)

Auch dieser Urwald ist – wie überall in Mitteleuropa – keine urwüchsige, d.h. vom Menschen unbeeinflußte, der Natur völlig allein überlassene Waldvegetation. Das Gebiet zwischen Hornisgrinde und Ruhestein, am Ende des Schönmünztales im nordwestlichen Schwarzwald, hat eine lange und wechselvolle Geschichte. Der See wurde in der Eis- bzw. Nacheiszeit gebildet. In 900 m Seehöhe wird seine zwei Hektar große Wasserfläche von Seitenmoränen eingerahmt und durch vorgelagerte Karriegel gestaut. Seine Tiefe reicht bis zu 30 m. Wenn man bei trübem Wetter auf ihn und seine Umgebung mit den dunklen Tannenwäldern schaut, dann kann man den Namen verstehen, den ihm die Hirten vor Jahrhunderten gaben – Wilder See!
Das Gebiet, vor allem die Kuppen und oberen Hänge des Buntsandsteinmassivs, wurde jahrhundertelang als Sommerweide intensiv genutzt. Zahlreiche Ortsnamen wie Weidberg, Viehläger oder Lägerbrunnen legen Zeugnis über dieses

Hauptweidegebiet ab, in dem 200 bis 500 Stück Vieh regelmäßig eingetrieben wurden. Hier konnte kein Wald wachsen und konnten auch keine Bäume neu entstehen. Erst nach 1864 wurde das Weiderecht für Württemberg gegen Überlassung von Land ganz aufgehoben. In der Forstgeneralkarte von Johann Stahl aus dem Jahre 1754 wurde nur die Winterseite des Schönmünztales bis zum See und Seeausfluß als Wald gekennzeichnet, die übrigen Gebiete waren waldleer.

Problematisch wurde die Situation der Wälder des hinteren Murgtales im Jahre 1758, als die Landesherren von Baden und Württemberg einer holländischen Holzhandelskompanie die Nutzung der Wälder verkauften. Diese machte die Murg flößbar, nutzte die Bestände durch riesige Kahlschläge und verschiffte das Holz zum Schiffbau nach Holland.

Das Gebiet um den Wilden See wurde noch einmal heimgesucht, als am 4. August 1800 ein Großbrand ausbrach, der innerhalb von 17 Tagen 3.000 Hektar vernichtete, zum Glück überwiegend Kahl- und Jungwaldflächen. Aus dieser Zeit stammt der Großteil der Waldbestände zwischen Leinkopf, Huzenbach und Ruhestein. An den nassen Standorten und hinter den Hochmooren blieb der Wald verschont. So findet man in der Seewand noch Tannen, die mehrere hundert Jahre alt sind, vielleicht handelt es sich sogar um die urigsten des Schwarzwaldes. Diese kleinen Urwaldreste am Wilden See stellen den Kern des Bannwaldes dar, den die württembergische Forstdirektion auf Anregung des Forstprofessors Christoph Wagner, Tübingen, freiwillig 1911 völlig aus der Bewirtschaftung nahm und unter Schutz stellte. Das war immerhin ein Vierteljahrhundert vor Erlaß des ersten Naturschutzgesetzes in Deutschland. Sie sprach folgende Verordnung aus: „Das in den Abteilungen V 17, 'Seeläger' und VI 12 'Hinterer Pfälzer' des Forstamts Schönmünzach gelegene Gebiet des Wildsees, des 'Kapellenbuckels' und der 'Seemisse' soll als 'Wildsee-Gebiet' den Schutz eines Naturdenkmals genießen.

Die bezeichnenden Züge eines Naturdenkmals sollen von nun an dem „Wildsee-Gebiet" völlig ungeschmälert und unberührt von Eingriffen des forstlichen Betriebs erhalten werden; auch unterbleibt im ganzen Wildseegebiet jede Art der Veränderung der Bodengestaltung, wie sie durch Öffnen und Ziehen der Wassergräben im Bestandes-Inneren, Gewinnen von Streu, Erde, Steinen usw. herbeigeführt wird. Wege werden innerhalb des Gebietes nur insoweit angelegt und unterhalten werden, als die Erschließung des Naturdenkmals dieselben fordert. Beim Vollzug aller Wegearbeiten wird es ein bestimmender Gesichtspunkt sein, dieselben in einer den Charakter des Gebiets nicht beeinträchti-

genden Weise zur Ausführung zu bringen. Endlich unterbleibt jede Art von Jagdausübung."
Das Schutzgebiet umfaßt 84 Hektar. Das Schutzziel besteht in der Erhaltung urwüchsiger Nadelholzmischbestände und der Erforschung ihres Konkurrenzverhaltens und ihrer Entwicklung.
Man kann dieses herrliche Waldgebiet erwandern, alte lebende Baumriesen von Tanne, Fichte oder Kiefer ebenso betrachten wie abgestorbene und gestürzte Altbäume. Aus dem 13. Jahrhundert sind noch die Grundmauern einer ehemaligen Kapelle auf dem Kapellenbuckel zu erkennen, in der ein Eremit des Klosters Allerheiligen lebte, um die Hirten zu betreuen.

Katalog-Nr. 83

Balzer-Herrgott am Wildgutachtal **)

Wenn man an einem trüben, regnerischen Tag über die Höhen des oberen Wildgutachtales durch die dunklen Nadelwälder einsam wandert und plötzlich vor einer Buche steht, die in ihrem unteren Stammstück eine Christusstatue umwächst, die man sonst nur an einem Kreuze angeschlagen sieht, dann muß man sich gewaltsam in die wirkliche Welt zurückzwingen. Wenn dann über das verbliebene und vom Holz noch nicht bezwungene Gesicht der Regen wie Tränen rinnt, oberhalb der Stirn ein kleines Sträußchen noch frischer Blumen wacht, dann vereinigt sich das Opfer von Golgatha mit der Freude von Ostern. Dann erkennt man das

Leid der Menschheit, die Stärke der Gewalt, aber auch das Versöhnliche und Aufmunternde des kleinen Lebensgrußes durch winzige Blüten.
Die Geschichte, aus W. Hockenjos nacherzählt und mit ihm besprochen, führt zu dem Hof des Winkel-Balzer, der kurz vor der Jahrhundertwende in der Nähe der Buche gestanden hat. Sein Hofkreuz war ein schmiedeeisernes Kreuz, das den aus Sandsteinen modellierten Christus trug. Dieses Kruzifix überlebte den Hof, der wie viele andere dieser Hochlagen aufgegeben und zu Wald umgewandelt worden war.
Holzhauer, Hirten und ein Jäger, die erfolglos von der Jagd zurückgekehrt waren und wohl erheblichen Hunger hatten, ließen ihren Unmut an dem Kruzifix aus. Der Jäger schoß die Arme ab. Von Reue geplagt, habe ein Hirtenbub das Kreuz später wieder aufgerichtet und an die Buche gelehnt, so wird berichtet. Das wundgescheuerte Holz begann den Christus zu umwachsen.

Vor etwa vierzig Jahren hat der Forstmeister von Furtwangen die eingewachsenen eisernen Arme entlang des Stammes absägen lassen.
Wie kam es zu dieser starken Inbesitznahme durch die Buche? Normalerweise wächst ein Gerüst, das an den Baum gelehnt wird, nicht ein. Auch der Scheuer- oder Wundeffekt bewirkt keine vollständigen Überwallungen.
Die heute etwa 150 bis 200 Jahre alte

Buche war ein ehemaliger Kuhbusch, der frei auf dem Weidberg stand, vielfach verbissen und nachweislich aus mehreren Aufwüchsen hervorgegangen. Der Balzer Herrgott dürfte zwischen 1870 und 1880 in den Baum so eingeklemmt worden sein, daß er durch die zahlreichen Äste festgehalten werden konnte. Seine Längsachse könnte zwischen zwei Stämmen eingekeilt worden sein, so daß die Überwachsungen schnell den Christuskörper umschlangen. Man beobachtete bei Buchen in ähnlicher Freistellung innerhalb von 80 Jahren einen Zuwachs des Stammumfanges von ca. 100 cm!. Die Aufforstungen des Gebietes setzten erst 1906 ein.
Die Fotografie von 1935 – von Forstmeister Hockenjos angefertigt – zeigt die Buntsandsteinfigur nur mit dem Rücken eingewachsen. Bei der Abbildung von 1960 umfaßt die Buche zwei Drittel des Körpers, nur der Kopf bleibt völlig frei. Fünfundzwanzig Jahre später ist der Körper von der Buche bedeckt, auch der Kopf wird weitgehend von Holz umgeben, das Gesicht aber ist unberührt.
Die faszinierende Entwicklung, das langsame Einbetten in die Natur, wurde im November 1986 durch einen baumchirurgischen Eingriff unterbrochen, vielleicht für lange Zeit ausgesetzt, indem Kopf und Brust teilweise wieder freigeschnitten wurden.
Muß der Mensch überall eingreifen?

Wird Naturschutz immer wieder Menschenwerk?
Wer herrscht, wer richtet, wer dient?

Katalog-Nr. 206

Eiche am Fürstengrab bei Villingen **)

Die Eiche ist groß, mächtig, vollkronig und einfach schon, so wie man sich einen Eichbaum in der freien Landschaft vorstellt. Er verkörpert eine lange Geschichte, er belebt die Landschaft, auch wenn sie wie hier am Magdalenenbergle noch so ausgeräumt ist und intensiv genutzt wird. Er hat auch Geschichte und bestimmt viele Geschichten, die wir nicht kennen, auch solche, die er nicht zu vertreten hat wie die Lynchjustiz, die ihm den Namen Poleneiche einbrachte, worüber er heute noch weint.
Wichtiger ist seine Wärterfunktion, die er vor dem keltischen Fürstengrab aus der Hallsteinzeit – 6. Jahrhundert v. Chr. – ausübt, gleichsam stellvertretend für seine Art, die gerade hier die Geschichte lebendig werden läßt.
Im Jahre 1970 kam man in diesem Grabkomplex an eine Grabkammer heran, die aus 20 bis 35 cm starken, sorgfältig behauenen Eichenstämmen konstruiert worden war. Das Holz, durch Grundwasser gut konserviert, verriet das Alter der Kammer und damit das Todesjahr des Fürsten. Eine junge Wissenschaft, die Dendrochronologie, kann an dem Aufbau und der Stärke der Jahrringe, die in den gemäßigten Klimabereichen unserer Erde ein Baum jährlich

an seinem Holzkörper anlegt, Berechnungen anstellen, die die Geburts- und Todesstunde eines Baumes fast exakt anzugeben vermögen. Durch Auswertungen vieler Funde, vor allem von nicht zersetzten Mooreichen, konnten Zeitreihen gewonnen werden, die insbesondere in Klimaperioden eingehängt wurden, wie eine Häufung von Trockenjahren oder Hitzeperioden, die das Wachstum drosseln und schmalere Jahrringe produzieren als wachstumsgünstige feuchte Vegetationsperioden. So wurde auch die abgestorbene Eiche noch zu einem historischen Indikator.

Die Eichenproben des Fürstengrabes ergaben folgendes Bild:
Die Stämme waren im Herbst 557 v. Chr. eingeschlagen und sofort sehr fachmännisch als Zimmereiware zubereitet und verbaut worden. Sie hatten damals ein Alter von 200 Jahren. Um diese hölzerne Grabkammer wurden Steine aufgeschichtet und mühevoll so viel Erde herangetragen, daß der Grabhügel ein Raummaß von 45.000 Kubikmetern erreichte.
Trotz dieser Absicherung wurde die Grabkammer mindestens zweimal aufgebrochen. Wieder wurde die Dendrochronologie fündig. Anhand der hölzernen Werkzeuge, die im Grab zurückgelassen worden waren – Spaten aus Eichen- und Tannenholz -, wurde der erste Einbruch

Katalog-Nr. 207

Große Tanne von Gersbach und am Sirnitzpaß **)

Die große Tanne am Sirnitzpaß

540 v. Chr., der zweite 393 v. Chr. identifiziert.

Im Schwarzwald kann man viele Tannen finden, die in ihrer Mächtigkeit nicht nur den Wald beherrschen, sondern auch in ihrer engen Vergesellschaftung mit Fichten, Föhren und Buchen und in ihrer vielschichtigen vertikalen Gliederung die Vitalität urwüchsiger Wälder verkörpern. Denn die Tanne vermag wie keine andere Baumart im Schatten aufzuwachsen, Jahre und Jahrzehnte unter dem Druck des überschirmenden Kronendaches zu leben, um dann zum Lichte emporzuschießen, wenn sie Freiheit nach oben erhält.
Der Altmeister Ludwig Klein hält den Gersbacher Gemeindewald für den „schönsten Altholzbestand", wo die Tanne „Höhen bis 55 m (mehrfach gemessen) und einen Umfang von fünf Meter erreicht". In diesem Wald steht die Große Tanne von Gersbach (1350) idyllisch am Wildbach inmitten eines Plenterwaldes, der sich aus Tannen, Fichten und Buchen zusammensetzt und weitere Alttannen beherbergt. Sie wurde vor Jahren durch die Forstliche Fakultät Freiburg vermessen: „Größte Tanne Westeuropas, Höhe 49 m, Alter ca. 400 Jahre, Brustumfang 4,77 m, Stockumfang sieben Meter, Nutzholzmasse 30 Festmeter, Gesamtholzmasse ca. 40 Festmeter". Jetzt hat sie einen Umfang von 490 cm und kommt auf über 50 m Höhe, wo-

bei der 30 m astreine und walzenförmige Stamm am meisten ins Auge fällt.

Fast nicht bekannt, aber noch viel stärker, noch einsamer, noch mächtiger und ganz das Bild der Tanne verkörpernd ist die von Hockenjos in „Begegnungen mit Bäumen" erstmals vorgestellte große Tanne am Sirnitzpaß. Sie wächst im Klemmbachtal an dem alten Weg zum Sirnitzweidegebiet oberhalb einer Wegkreuzung an der Brücke und hangabwärts der Straße von Badenweiler über Kreuzweg nach Neuenweg, etwa fünf Kilometer ostwärts vom Schweighof.
Man kann ihn nicht gut beschreiben, man muß ihn erleben, diesen Tannenbaum mit seinem gewaltigen Schaft, der 540 cm umfaßt und erst in elf Meter Höhe starke Äste ausbildet, die eine mächtige, gesunde Krone mit vielen Nadeljahrgängen trägt.
Die Tanne dürfte 300 bis 400 Jahre alt sein, zu messen ist es nicht mehr, denn das Erdstück ist hohl.
Der stets fließende Bach hat ihr Wachstum so begünstigt, daß sie eine Höhe von 53 m erreichen konnte.

Katalog-Nr. 203, 221

Bäume auf der Insel Mainau im Bodensee **)

Die Insel Mainau, an der Südseite des Bodensees in einer geschützten Bucht gelegen, wird die Blumeninsel im Bodensee oder das tropische Paradies nördlich der Alpen genannt. Natur, Landschaft, Park- und Gartengestaltung vereinigen sich hier zu einer vollkommen erscheinenden Harmonie. Das ausgeglichene Klima des Bodensees begünstigt das Wachstum vieler Pflanzenarten, die so üppig wie nirgendwo in Deutschland gedeihen.

Alte Bäume geben auch der Insel einen besonderen Reiz. So erinnern die restlichen Winterlinden am Hafen und im Ufergarten an die Zeit des Deutschritterordens, der die Mainau von 1272 bis 1805 beherrschte, sie zur Festung ausbaute und von 1739 bis 1746 das Barockschloß errichten ließ.

Im Jahre 1827 kam der Kaiserliche Generalfeldzeugmeister Fürst Nikolaus von Esterhazy (1765 – 1830) in den Besitz der Insel. Er ließ die Festungsmauern schleifen, den Burggraben auffüllen und die ersten Exoten auf dem neugeschaffenen Schloßhof durch seinen Hofgärtner Ferdinand Schnetz anpflanzen. Die Silberpappel Esterhazy vor dem Torbogen, 1830 von dem Fürsten gepflanzt, dokumentiert heute noch als mächtiges lebendes Monument diese Zeit. Die steil gestellten Haupttriebe erreichen eine Höhe von beinahe 40 m, eine Kronenbreite von 20 m und einen Stammumfang von 560 cm.

Bereits 1853 kaufte Friedrich I. von Baden die Insel, um die er sich wenig kümmerte, bis Ludwig Eberling das Amt des Hofgärtners übernahm. Er legte 1871 den Rosengarten an und bemühte sich, die Mainau zur im-

Esterhazy-Silberpappel auf der Insel Mainau

mergrünen Insel auszubauen.
Aus dieser Epoche stammt die Viktorialinde, die das Großherzogliche Paar anläßlich der Geburt seiner Tochter Viktoria im Jahre 1862 pflanzen ließ. Der Kugelbaum, eine großblättrige Sommerlinde, beherrscht mit seinem vollen, tiefgrünen Laub, seiner auf 20 m ausladenden Krone, mit 26 m Höhe und einem Stamm von 430 cm Umfang den exponierten Standort an der Achse des Rosengartens.
Im Jahre 1928 vermachte der Großherzog Friedrich II. von Baden die Mainau seiner Schwester, der Königin Viktoria von Schweden.
Heute gestaltet Lennart Graf Bernadotte dieses Kleinod mit Liebe, großen Kenntnissen und hoher Verantwortung vor Natur und Zukunft.

Katalog-Nr. 239, 240, 241

**) Text aus
Hans Joachim Fröhlich „Alte liebenswerte Bäume in Deutschland", C.Ahlering-Verlag Hamburg 1989.
Abdruck mit freundlicher Genehmigung des Verlages. Buch über Verlag, Buchhandlung oder Kuratorium erhältlich.

Übersichtskarten

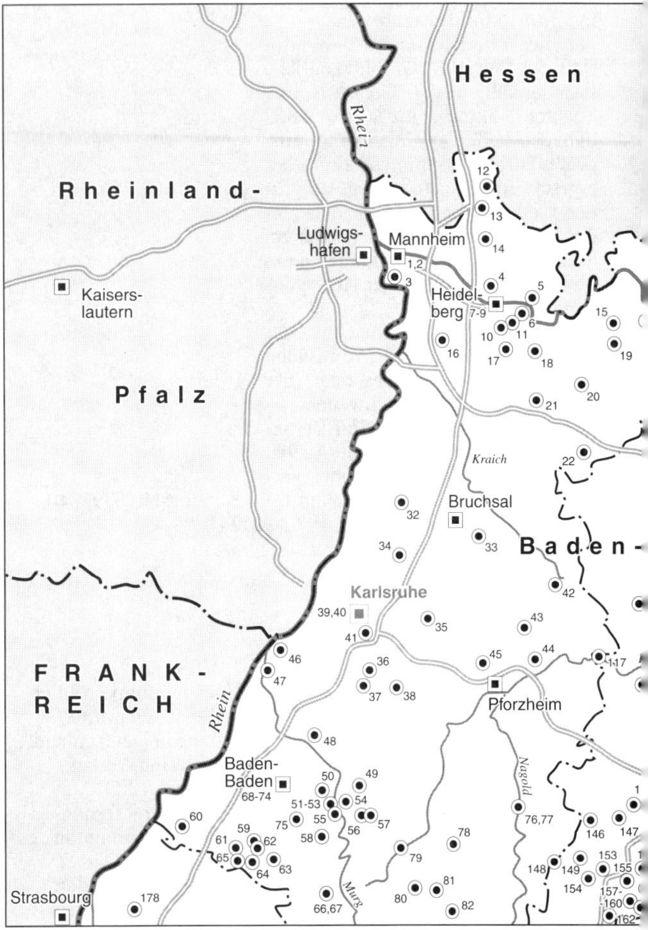

Main
Würzburg
Main
Tauber
23
24
25
26
27
88
89,90
91
92,93
94
95
96
97
98
29
30
Bayern
100
101
99
Kocher
110
111
102
103
Jagst
112
113
Schwäbisch-Hall
114
Heilbronn
108
109
116
Württemberg
127-129
130
131
132
119
Ludwigsburg
120
121
122
123
124
125
134
Aalen
133
135
Stuttgart
Neckar
43
126
164
165
166
Göppingen
136
170
175
Heidenheim
144
168
167
171
172
173
Fils
176
169
244

Übersichtskarten

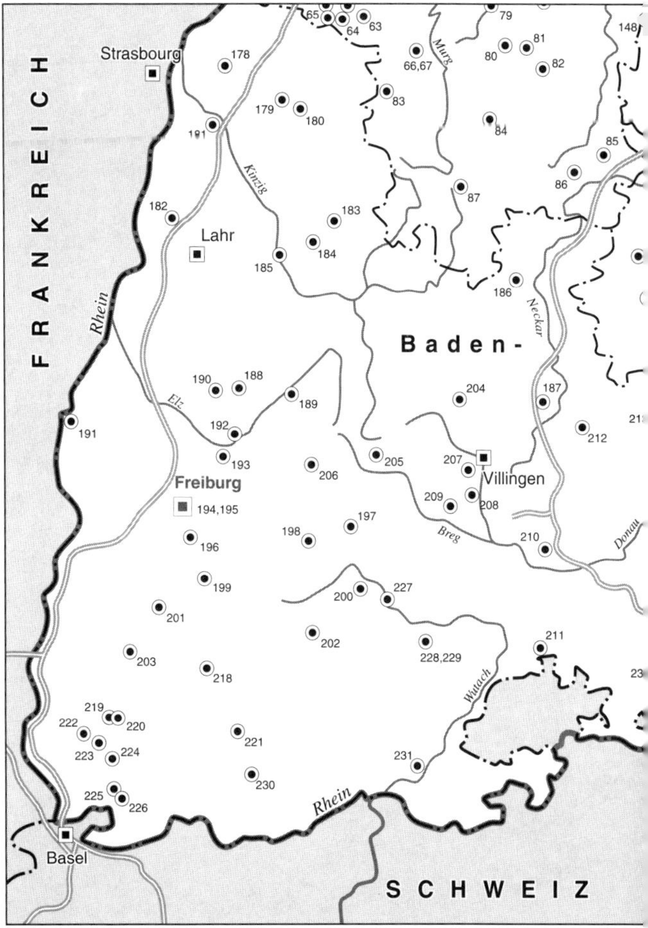

Baden-Württemberg Süd

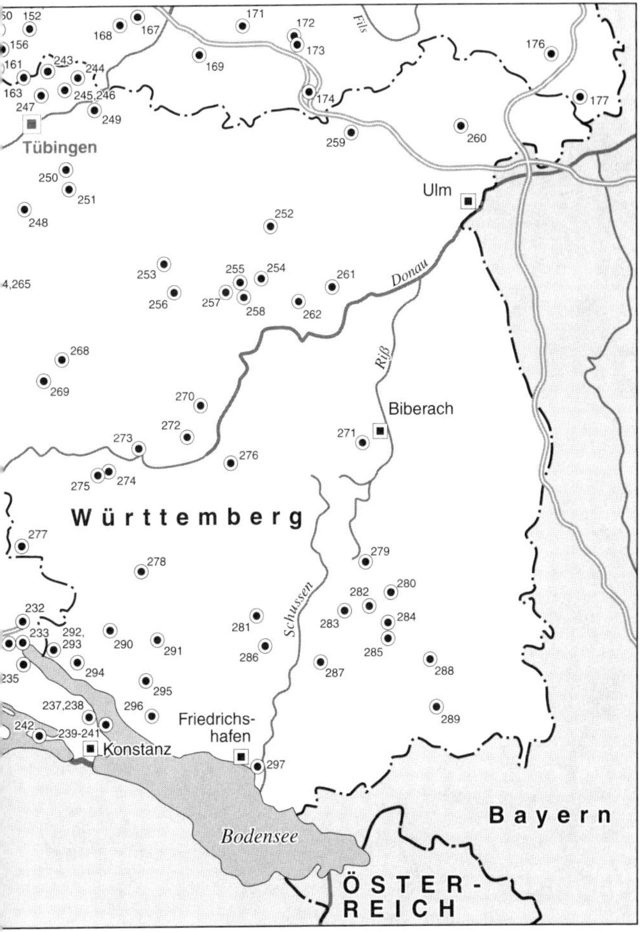

Regierungsbezirk Karlsruhe

Stadt Mannheim

1 Dicke Platane im Luisenpark in Mannheim

Baumart: Platane
Alter: 150-200 Jahre
Höhe: 28 m
Umfang: 525 cm
Krone: 29 m

Besonderheiten: Über einem kurzen, hohlen, wulstigen Stamm wölbt sich eine riesige, tief herabreichende, voll belaubte Krone, die von einer stark verzweigten Hauptachse und zwei steilen Nebenachsen gebildet wird. In dieser sehenswerten Grünanlage findet man eine Fülle schöner Bäume, im wesentlichen etwa 100-200-jährige Linden, Eichen, Platanen und Roßkastanien. Der Luisenpark wurde in den ersten Bauabschnitten von 1892 bis 1903 von den Brüdern Siesmayer aus Frankfurt angelegt und 1906 nach der Großherzogin Luise von Baden benannt. Der fortgesetzte Ausbau erfuhr seinen Höhepunkt bei der Bundesgartenschau 1975 und zählt inzwischen mit einem umfassenden Angebot verschiedenen Erholungseinrichtungen, einem Planetarium, Aquarium, Terrarium, Volieren und sehenswerten gärtnerischen Anlagen zu den schönsten Grünanlagen Europas.

Standort: Etwa 50 m nördlich der Kolpingstraße, in Höhe der Werderstraße, etwa in der Mitte des offenen Westteils des Parks.

2 Feldulme nahe der Christuskirche in Mannheim

Baumart: Ulme
Alter: 200 Jahre
Höhe: 28 m
Umfang: 320 cm
Krone: 20 m
Besonderheiten: Der glatte Stamm zwieselt in etwa 6 m Höhe. Die volle Krone ist gut begrünt.
Standort: Oststadt, an der Ecke Rathenaustraße /Lachnerstraße.

3 Eichen im Waldpark Neckarau bei Mannheim

Baumart: Eiche
Alter: 200-240 Jahre
Höhe: 34 m
Umfang: 405 cm
Krone: 19 m
Besonderheiten: Eine der stärksten der zahlreichen Stieleichen des hiesigen Auewaldes (Naturschutzgebiet).Dieser Wald wurde zu Anfang dieses Jahrhunderts von dem Konsul Carl Reiß der Stadt Mannheim geschenkt. Er dient heute als bevorzugtes Naherholungsgebiet und ist von zahlreichen, vielbegangenen Wanderwegen durchzogen.
Standort: Auf der Rheingoldstraße, aus dem Stadtgebiet kommend, ca. 100 m hinter dem Waldanfang den ersten Waldweg rechts einschlagen. Etwa 250 m weiter steht auf der rechten Wegeseite der hier beschriebene Baum.

4 **Feldahorn bei Handschuhsheim**	Baumart:	Ahorn
	Alter:	200-300 Jahre
	Höhe:	24 m
	Umfang:	290 cm
	Krone:	19 m

Besonderheiten: Selten starker Feldahorn mit drei steilen Hauptachsen, die sich zu einer voll belaubten, hohen Krone weiter teilen, die zum Gartengelände überhängt.
Standort: Von der B 3 etwa 300 m südlich der Ortseinfahrt Dossenheim nach Osten in den Höllenbachweg einbiegen, dann nach rechts in den Neuwegsbergweg bis zur Schranke an der Waldecke.

5 **Zwei Eichen bei Ziegelhausen**	Baumart:	Eiche
	Alter:	350-400 Jahre
	Höhe:	29, 28 m
	Umfang:	480, 430 cm
	Krone:	18, 18/26 m

Besonderheiten: 1. Durchgehender Stamm mit Beulen und Wasserreisern, erste Starkäste in 7 m Höhe, Krone eingeengt, aber voll belaubt. 2. Stamm mit Blitzschaden, Starkäste ab 6 m Höhe, asymmetrische Krone.
Standort: Schönauer Straße im südöstlichen Ortsteil, dann Münchelstraße bis zur Kuppe, an dem zweiten, nach links abgehenden Weg.

6 **Ulme am Klingelhüttenweg in Schlierbach**	Baumart:	Ulme
	Alter:	300 Jahre
	Höhe:	36 m
	Umfang:	525 cm
	Krone:	18 m

Besonderheiten: Kurzer, spannrückiger Stamm mit starken Wurzelanläufen, schon ab 2 m Höhe dreiachsig, mächtige, voll belaubte Krone, vom Bestand am Oberhang bedrängt.
Standort: Vom Klingelhüttenweg in der Kurve gegenüber dem Rombachweg auf dem Waldweg etwa 100 m hangaufwärts in der Bachmulde.

7 Fritz-Überle-Linde bei Heidelberg

Baumart: Linde
Alter: 300 Jahre
Höhe: 28 m
Umfang: 425 cm
Krone: 26 m
Besonderheiten: Wulstiger Stamm, erster Seitenast in 3 m Höhe gekappt (über der Straße), in 12 m Höhe Zwiesel, riesige, volle Krone, Winterlinde.
Standort: Gaibergstraße, hinter der scharfen Rechtskurve an der Molkenkur.

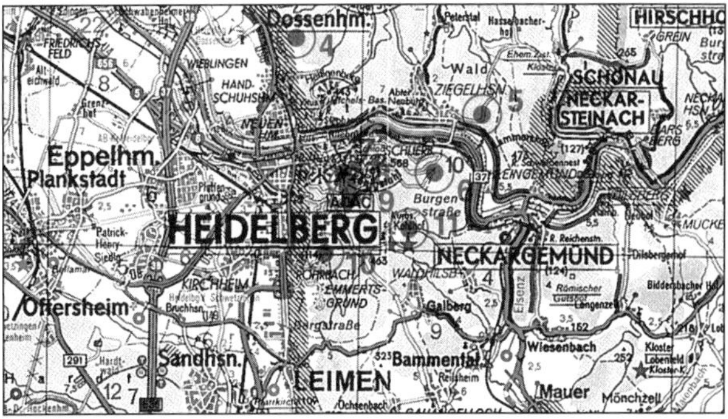

8 **Buchen an der Gaibergstraße bei Heidelberg**

Baumart: Buche
Alter: 250 Jahre
Höhe: 35 m
Umfang: 435 cm
Krone: 26 m
Besonderheiten: Ab 12 m Höhe volle Krone mit starker Verastung, gesund, stärkste von drei Buchen.
Standort: Am Fußweg, der in der zweiten Rechtskurve oberhalb der Molkenkur von der Gaibergstraße nach rechts abgeht.

9 **Eibe an der Gaibergstraße bei Heidelberg**

Baumart: Eibe
Alter: 200-300 Jahre
Höhe: 16 m
Umfang: 285 cm
Krone: 14 m
Besonderheiten: Tief beasteter Baum mit schöner, voller Krone mit

sechs steilen Hauptachsen ab 1 m Höhe.
Standort: Direkt an der Gaibergsstraße an exponierter Stelle an der Schutzhütte vor der Rhododendronanlage.

10 Eichen am Speyererhof bei Heidelberg

Baumart: Eiche
Alter: 250-300 Jahre
Höhe: 29, 30 m
Umfang: 360, 355 cm
Krone: 20, 18 m
Besonderheiten: 1) Drei steile Hauptachsen ab 8 m Höhe, starke, eingeengte Krone. 2) Durchgehender, beuliger Stamm mit vielen Wasserreisern, stark verzweigte Krone ab 10 m Höhe – Traubeneichen – drei starke Buchen in der Nähe.
Standort: Etwa 150 m nördlich des Speyererhofes (Sanatorium) am „Breiten Fußweg".

11 Eiche am Hirschbeckshüttenweg bei Heidelberg

Baumart: Eiche
Alter: 280 Jahre
Höhe: 28 m
Umfang: 370 cm
Krone: 17 m
Besonderheiten: Durchgehender Stamm mit Beulen und Wasserreisern. Erster Starkast in 7 m Höhe, schmale, voll belaubte, gesunde Krone.
Standort: Gaibergweg – Chaisenweg – Königstuhlweg – Kraussteinweg. Etwa 400 m hinter der Kohlhofklinik geht rechts der Hirschbeckshüttenweg ab, etwa 300 m links.

12 Rüsterstumpen bei Nächstenbach

Baumart: Ulme
Alter: über 300 Jahre
Höhe: 22 m
Umfang: 530 cm
Krone: 14 m

Besonderheiten: Bergulme mit 2 m hohem, hohlem, stark beuligem Stumpf (Stammantel), auf dem zehn junge Ausschläge eine neue Krone bilden. Grenzbaum.

Standort: Durch den Weinheimer Ortsteil Nächstenbach zum Waldparkplatz (Naturpark), dann auf dem Hirschkopfhauptweg, am Luftschacht vorbei, bis etwa 30 m vor dem Waldende links, dann auf dem Erdweg rechts etwa 50 m bis zur Besitzgrenze, und auf der Grenzlinie etwa 80 m nach rechts.

13 Libanon-Zeder und Exotenwald in Weinheim

Ginkgo im Schloßpark

Baumart: Zeder
Alter: 265 Jahre
Höhe: 20 m
Umfang: 535 cm
Krone: 25 m

Besonderheiten: Weit ausladende, oben abgeflachte, tiefreichende Krone mit waagerechten, geschlängelten und lyraförmigen Starkästen. Eine der stärksten Zedern nördlich der Alpen, 1730 gepflanzt. Zwei jüngere Zedern nahebei. Schöner Ginkgo nebenan im Schloßpark (A = 155 Jahre, H = 20 m, U = 310 cm, Kr = 19 m). An den Schloßpark schließt im Südosten der etwa 60 ha große, bekannte Exotenwald an, der von 1872 bis 1884 von Christian von Berckheim angelegt

wurde und rund 130 Baumarten enthält.
Standort: Am Weinheimer Schloß, zwischen Hauptgebäude und Rote-Turm-Straße.

14 Baumkraftwurz bei Hohensachsen

Baumart: Panax
Alter: 80 Jahre
Höhe: 20 m
Umfang: 180 cm
Krone: 14 m
Besonderheiten: Sehr seltene Baumart. Kalopanax pictus (Araliaceae = Efeugewächse), sechs Arten in Nordamerika und Ostasien, u. a. Ginseng. Fünfgliedriges, klauenförmiges Blatt, quirlständig am langen Stiel. Der Baum wird von einer starken Eiche am Oberhang bedrängt und hängt über den Weg.
Standort: L 596 von Großsachsen in Richtung Oberflockenbach, an der Kunz-Mühle rechts ab, am Parkplatz vorbei, hangaufwärts bis zur Kurve.

15 Gerichtslinde in Haag

Baumart: Linde
Alter: ca. 800 Jahre
Höhe: 18 m
Umfang: 665 cm
Krone: 17 m
Besonderheiten: Sommerlinde mit außergewöhnlich mächtigen, wulstigen Wurzelanläufen. Durchgehender beuliger, knorriger Stamm, an dem in etwa 6 m Höhe die vollbelaubte Krone mit relativ dünnen Ästen beginnt.
Standort: Schönbrunn – Haag, am alten Rathaus.

16 Friedhofslinde bei Oftersheim

Baumart: Linde
Alter: 250 Jahre
Höhe: 22 m
Umfang: 395 cm
Krone: 17 m
Besonderheiten: Winterlinde mit bouquetförmiger, voll begrünter Krone, die in etwa 3 m Höhe mit fünf Hauptachsen beginnt. Markante Erscheinung.
Standort: An der Dorfseite, vor dem Haupteingang zum neuen Friedhof.

17 „Verlobungseiche“ im Leimener Wald

Baumart: Eiche
Alter: 300 Jahre
Höhe: 33 m
Umfang: 495 cm
Krone: 23 m
Besonderheiten: Der Stamm teilt sich in etwa 9 m Höhe in drei steile Hauptachsen, hohe, etwas schüttere Krone mit geschlängelten Ästen.
Standort: Ausgehend vom Waldparkplatz an der Straße von Leimen nach Gaiberg, nahe dem Lingentaler Hof, auf der geteerten Waldstraße (Lehrpfad) etwa 1 km nach SO. Ein kleiner Wegweiser (rechts) führt zur Eiche.

18 „Tausendjährige Eiche“ in Bammental

Baumart: Eiche
Alter: 800-1000 Jahre
Höhe: 12 m
Umfang: 590 cm
Krone: 8 m
Besonderheiten: Etwa 8 m hoher, hohler, beulig-wulstiger Stammtorso mit besonders wulstigem Stammfuß. Die alte Krone ist abgebrochen und

an ihrer Stelle hat sich eine neue, kleine, vitale Krone gebildet.
Standort: Am Waldrand, an der Schützenhausstraße, in der Nähe des Friedhofs.

19 Karl-Ludwig-Eiche bei Reichartshausen

Baumart: Eiche
Alter: 350 Jahre
Höhe: 28 m
Umfang: 470 cm
Krone: 18 m
Besonderheiten: Langer, astfreier Stamm, kurze, kugelige Krone mit relativ dünnen Ästen, voll begrünt. Benannt nach dem Kurfürsten Karl-Ludwig von der Pfalz (1632-1680).
Standort: Südseite der L 532 zwischen Waldwimmersbach und der Abzweigung nach Reichartshausen, in der Senke im Wald.

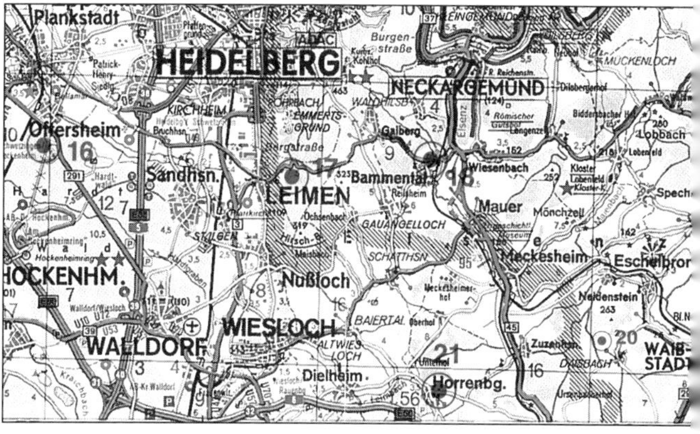

20 Eiche bei Daisbach

Baumart: Eiche
Alter: 350 Jahre
Höhe: 27 m
Umfang: 435 cm
Krone: 20 m
Besonderheiten: Stieleiche. Gesunde Hauptkrone mit sechs steilen Hauptachsen ab etwa 9 m Höhe.
Standort: Waibstadt, Ortsteil Daisbach, Gemarkung Kalkofen. Am nördlichen Ortsrand, an der katholischen Kirche vorbei in Richtung Offenheim, rechts am 1. Aussiedlerhof vorbei, dann nach links bis zum Wald, den Randweg hoch bis zur oberen Waldecke.

21 „Eichbaum" in Horrenberg

Baumart: Eiche
Alter: 300 Jahre
Höhe: 25 m
Umfang: 425 cm
Krone: 18 m
Besonderheiten: Knolliger Stamm, hoch angesetzte, runde Krone.
Standort: „Am Eichbaum", auf einer Bergnase in der Nähe des Rathauses, am Straßendreieck in der Ortsmitte.

22 Söller-Linde an der Burg Steinsberg

Baumart: Linde
Alter: 450-500 Jahre
Höhe: 20 m
Umfang: 500 cm
Krone: 21 m
Besonderheiten: Winterlinde mit ausgeprägt starken Wurzelanläufen. Drei starke, steile Hauptachsen ab etwa 2 m Höhe, volle, gesunde Krone. Eine weitere, etwa gleichalte und im Habitus ähnliche Linde (H =

17 m, U = 520 cm, Kr = 20 m) steht nahe der Einfahrt zur Burg, etwa 30 m hinter dem Kriegerdenkmal und 10 m vor diesem eine etwa 300-jährige Linde (H = 21 m, U = 480 cm, Kr = 19 m)
Standort: Sinsheim, Ortsteil Weiler, an der Südostseite der Burg Steinsberg, auf einem Söller (Altan) in der äußeren Burgmauer.

23 Linde an der Josefskapelle bei Hardheim

Baumart: Linde
Alter: 300 Jahre
Höhe: 17 m
Umfang: 495 cm
Krone: 12 m
Besonderheiten: Kurzer, hohler, zerklüfteter Stamm, bouquetartige, volle Krone mit zehn steilen Hauptachsen. Winterlinde. Reizvolles Ensemble mit Kapelle und Kreuz.
Standort: An der B 27, von Höpfingen kommend, etwa 1 km vor Hardheim, links.

24 „Alte Eiche" bei Hettigenbeuern

Baumart: Eiche
Alter: 350 Jahre
Höhe: 30 m
Umfang: 450 cm
Krone: 26 m
Besonderheiten: Der Stamm der Stieleiche löst sich in auffallend engstehende Hauptachsen auf, die eine große, pilzförmige Krone tragen.
Standort: An der Straße von Hornbach nach Hettigenbeuern, neben der Zufahrt zum „Haus Odenwald".

25 „Thoma-Eiche" bei Hainstadt

Baumart: Eiche
Alter: 350 Jahre
Höhe: 30 m
Umfang: 545 cm
Krone: 22 m
Besonderheiten: Stattliche Stieleiche mit respektabler Krone. Der Stamm zeigt auffallende Wurzelanläufe. Dichtes Kronenbild mit filigranem Astwerk. Zunehmende Bedrängung durch angrenzende Fichten.

Standort: Von Hainstadt auf der Straße nach Hornbach, etwa auf halber Strecke, gegenüber einer Park-/Grillplatzeinfahrt nach links in den Waldweg einbiegen, diesem 250 m und dann dem nächsten Weg rechts weitere 100 m folgen.

26 Zwei Linden mit Bildstock in Altheim

Baumart: Linde
Alter: 200 Jahre
Höhe: 20, 20 m
Umfang: 285, 310 cm
Krone: 20, 16 m
Besonderheiten: Winterlinden mit kurzen, spannrückigen Stämmen. Steile Hauptachsen tragen volle, gesunde Kronen. Gefälliges Ensemble mit Bildstock in exponierter Ortslage.
Standort: Am Lindenberg.

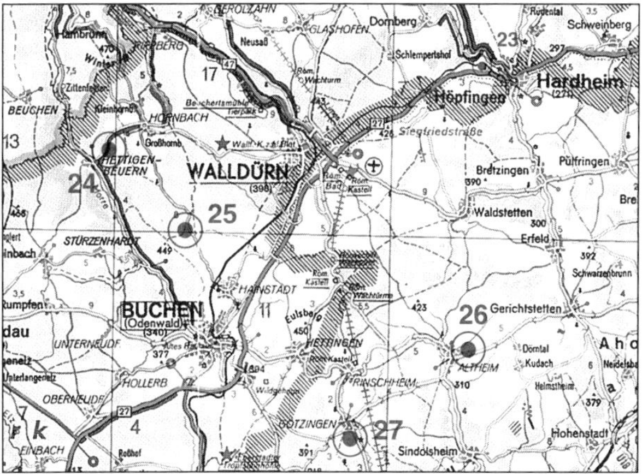

27 Linde in Götzingen

Baumart: Linde
Alter: 200-250 Jahre
Höhe: 25 m
Umfang: 405 cm
Krone: 21 m
Besonderheiten: Kurzer Stamm, der sich in sechs steile Achsen auflöst. Volle, gesunde Krone, Winterlinde.
Standort: Am Südende des Buchener Ortsteiles Götzingen.

28 „Hohe Eiche“ bei Neunkirchen

Baumart: Eiche
Alter: 250 Jahre
Höhe: 36 m
Umfang: 330 cm
Krone: 21 m
Besonderheiten: Sehr wüchsiger Baum mit glattem, durchgehendem Stamm mit zwei Nebenachsen, voll belaubte Krone, Blitzleiste.
Standort: Landstraße von Neunkirchen in Richtung Schwanheim, etwa 900 m hinter dem Ortsende den Waldweg 400 m nach Norden gehen, dann 650 m nach Osten (rechts) und an der Hütte ca. 300 m nach Norden, am kleinen Wegweiser „Wildsaufang“ 100 m rechts im Bestand steht die Eiche.

29 Tanzlinde in Unterschefflenz

Baumart: Linde
Alter: 120 Jahre
Höhe: 23 m
Umfang: 305 cm
Krone: 16 m
Besonderheiten: Diese junge Linde ist die Nachfolgerin der alten „Tanzlinde von Unterschefflenz“.
Standort: Auf dem Kirchplatz.

30 Schillerlinde in Sennfeld

Baumart: Linde
Alter: 200-250 Jahre
Höhe: 13 m
Umfang: 345 cm
Krone: 12 m
Besonderheiten: Winterlinde mit durchgehendem, knorrigem Stamm. Die alten Äste wurden gestutzt, worauf sich eine volle, runde Krone aus jüngeren, dünnen Ästen bildete. Gefällige Erscheinung.
Standort: Ortsmitte, Schillerplatz.

31 Geistereiche bei Mosbach

Baumart: Eiche
Alter: 250-300 Jahre
Höhe: 22 m
Umfang: 435 cm
Krone: 18 m
Besonderheiten: Das besondere Kennzeichen dieser Stieleiche ist ein vom Stammfuß bis zur Krone reichender Riß, welcher sich zu einer Höhlung erweitert.
Standort: Neben dem Panoramaweg am Jubelsberg.

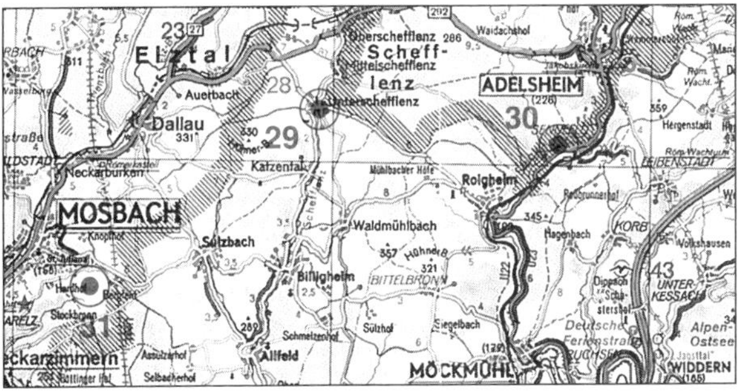

32 Die „Große Eiche“ bei Graben

Baumart: Eiche
Alter: 300 Jahre
Höhe: 31 m
Umfang: 550 cm
Krone: 17 m
Besonderheiten: Stieleiche mit säulenförmigem Stamm und der typischen Krone des im Bestand aufgewachsenen Baumes. Die Eiche steht jetzt frei.
Standort: Der Straße von Graben nach Friedrichstal etwa 3 km bis zum Waldrand, dann – gegenüber dem Waldparkplatz – dem Waldrandweg nach rechts etwa 200 m folgen. Unmittelbar hinter der Brücke dann weitere 150 m nach rechts.

33 Friedenslinden in Heidelsheim

Baumart: Linde
Alter: 350 Jahre
Höhe: 21 m
Umfang: 525 cm
Krone: 16 m
Besonderheiten: Die nach dem Dreißigjährigen Krieg gepflanzte Winterlinde hat im Jahre 1990 schwere Sturmschäden erlitten und weist einen gewaltigen Astausbruch auf. Der Rest des Baumes zeigt – mit einem schrägstehenden Hauptstamm und einer kleinen, vitalen Krone – einen asymmetrischen Habitus. Am Standort befinden sich noch weitere Friedenslinden, so eine aus der Zeit der Orlean`schen Kriege (1688/97), eine aus dem Jahre 1871 und eine aus 1990.
Standort: Am Vereinshaus des Hundevereins, am Ortsrand.

Baumart: Eiche
Alter: 350-400 Jahre
Höhe: 17 m
Umfang: 465 cm
Krone: 18 m
Besonderheiten: Eine Gruppe von etwa einem Dutzend alter Stieleichen von knorrigem Habitus, z.T.verwachsen und hohl.
Standort: Auf der Pferdekoppel an der Rückseite des Schlosses. Etwa 100 m vor dem Schloß führt ein Weg von der Zufahrt in weitem Bogen um das Schloß herum zur Koppel.

34 Eichen am Schloß Stutensee

Baumart: Roßkastanie
Alter: 150 Jahre
Höhe: 34 m
Umfang: 510 cm
Krone: 27 m
Besonderheiten: Die baumstarken, aufstrebenden Kronenstämme tragen eine riesige, tief herabreichende und sehr gleichmäßig aufgebaute Krone. Die Kastanie soll 1845 gepflanzt worden sein.
Standort: An der Friedhofsmauer.

35 „Josef-Mall-Kastanie" in Söllingen

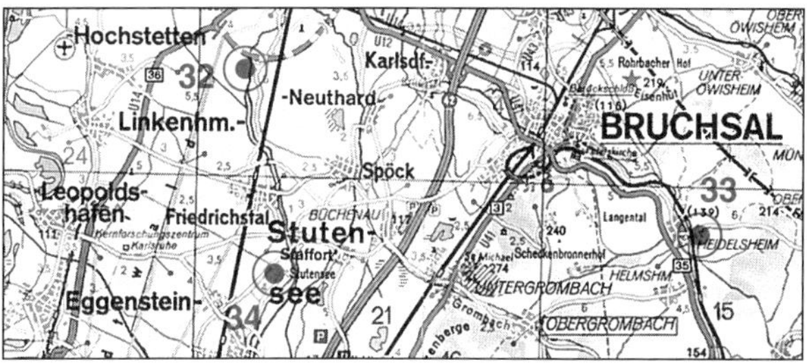

36 Eichen an der Schöllbronner Steige bei Spessart

Baumart: Eiche
Alter: 300 Jahre
Höhe: 34 m
Umfang: 510 cm
Krone: 27 m
Besonderheiten: Zwei Traubeneichen mit bis in den Gipfel durchgehenden Stämmen haben in etwa 4 m Höhe eine Verwachsungsstelle, an der ein starker, steil nach oben ragender Ast entspringt.
Standort: Etwa 700 m hinter dem Ortsausgang von Spessart, auf der linken Seite der Straße nach Ettlingen. Ein im spitzen Winkel abgehender Waldweg führt zur Eiche.

37 Dorflinde in Schluttenbach

Baumart: Linde
Alter: über 500 Jahre
Höhe: 20 m
Umfang: 715 cm
Krone: 18 m

Besonderheiten: Gewaltige Dorflinde, die 937 gepflanzt worden sein soll (unwahrscheinlich, keine Urkunde). Sie steht auf einer Quelle, die 20 m hangabwärts gefasst wurde. 1867: Gipfelbruch, 1940: Stamm ausgemauert, 1958: Baumchirurgische Behandlung, 1976: Ausmauerung entfernt.
Standort: Am Ortseingang.

38 Kirchlinde in Spielberg

Baumart: Linde
Alter: 500 Jahre
Höhe: 20 m
Umfang: 710 cm
Krone: 12 m
Besonderheiten: Mächtiger Erdstamm mit starken Wurzelanläufen. Die Krone wird von einigen schwächeren und einem starken, hohlen, emporstrebenden Hauptstamm gebildet. Sommerlinde.
Standort: Vor der Kirche.

39 Alte Kastanie im Schloßpark von Karlsruhe

Baumart: Edelkastanie
Alter: über 400 Jahre
Höhe: 15 m
Umfang: 900 cm
Krone: 19 m

Besonderheiten: Der mächtige, tief gegabelte und zerfurchte Stamm verleiht diesem Baum seinen markanten Charakter. Ein Hauptstamm wurde in geringer Höhe gekappt. Trotz einiger Krankheitssymptome (Rindenablösung) erscheint der Baum noch vital. Sehenswert: Schloßturm aus dem Jahre 1715, Schloßpark und Botanischer Garten.

Standort: Im Schloßpark, am Teich.

40 Eiche im Nymphengarten in Karlsruhe

Baumart: Eiche
Alter: 250 Jahre
Höhe: 14 m
Umfang: 445 cm
Krone: 16 m

Besonderheiten: Kleine Stieleiche mit zerzauster, stufig aufgebauter Krone und durchgehendem Stamm.

Standort: Im Nymphengarten, etwa an der Ecke Lammstraße/Kriegsstraße.

41 Eiche in der Beiertheimer Allee in Karlsruhe

Baumart: Eiche
Alter: 400-500 Jahre
Höhe: 27 m
Umfang: 510 cm
Krone: 24 m

Besonderheiten: Der untere Stammabschnitt der Stieleiche weist auffällig brettartige Rindenstrukturen, pockennarbige Wülste, kleine Öffnungen im Stammkörper und Überwallungen auf, die auf eine wechselvolle Geschichte des Baumes deuten.

Standort: Beiertheimer Allee / Ecke Kantstraße.

42 Kanzelbuche bei Sternenfels

Baumart: Buche
Alter: 300 Jahre
Höhe: 14 m
Umfang: 340 cm
Krone: 25 m

Besonderheiten: Der auch „Teufelskanzel“ genannte Baum verdankt seinen Namen seiner eigenartigen Wuchsform, die man als „Süntel- oder Renkbuche“ bezeichnet. Wenige Meter über dem Boden teilt sich der Stamm in zwei Achsen. Der Hauptstamm windet und dreht sich gen Himmel und bildet einen eigenen Baumkörper, der wie eine Kanzel über der zweiten Achse steht, die 14 m nach der Seite fast horizontal ausgelegt und ebenso stark gedreht ist. Weder der Stamm noch die Zweige vermögen gerade zu wachsen. Die Triebe winden sich schlangenartig hin und her, knicken vor der Stammachse immer wieder ab, sind korkenzieherartig verdreht oder so gebogen, daß sie fast zurückwachsen und sich zu Schleifen verrenken können. Diese Wuchsform ist vererbbar. (Siehe : Zehn Baumgeschichten).

Standort: Von Sternenfels in Richtung Häfnerhaslach bis zur Höhe. Wo die Straße sich absenkt, an der Einmündung einer Waldstraße, gut gekennzeichnet.

43 Der Speierling von Ölbronn

Baumart: Speierling
Alter: 250-300 Jahre
Höhe: 18 m
Umfang: 480 cm
Krone: 20 m

Besonderheiten: Ungewöhnlich starker und auffallend gedrehter Stamm, der sich, nach außen gebogen, ab 3 m Höhe vielfach verzweigt. Selten gewordene Baumart der wärmeliebenden Laubwälder, die aber zunehmend wiederum durch die Verwendung der Früchte bei der Herstellung von Apfelwein an Bedeutung gewinnt.
Standort: Mitten auf einer Hangwiese, rund 100 m südöstlich des Dürrner Ortsteils Ölbronn, unweit der Straße nach Dürrn.

44 Die Enzberger Eiche

Baumart: Eiche
Alter: 250-300 Jahre
Höhe: 17 m
Umfang: 430 cm
Krone: 18 m
Besonderheiten: Total verwachsener und zerzauster Baum mit einem beuligen Stamm, der von zahlreichen Wasserreisern besetzt ist und elefantenfußartige Wurzelanläufe besitzt. Die kleine, stark reduzierte Krone fällt durch ihr formenreiches Totholz auf. Stieleiche.
Standort: Von der Straße Kieselbronn – Enzberg führt etwa 500 m vor der Abzweigung nach Olisheim ein Waldweg 100 m nach links direkt zur Eiche.

45 Die „Russeneiche" bei Ispringen

Baumart: Eiche
Alter: 250-300 Jahre
Höhe: 13 m
Umfang: 470 cm
Krone: 20 m
Besonderheiten: Die kleine, tief beastete Stieleiche von gedrungenem Wuchs weist eine – im Verhältnis zur Baumhöhe – weit ausladende, baldachinähnliche Krone auf.
Standort: Etwa 500 m hinter dem Ortsausgang von Ispringen in Richtung Eisingen, Göhrichen, Kieselbronn, etwas versteckt, rechts der Straße.

46 Pappeln bei Au am Rhein

Baumart: Pappel
Alter: 60-80 Jahre
Höhe: 43 m
Umfang: 585 cm
Krone: 31 m
Besonderheiten: Gewaltiger, walzenförmiger Stamm, der sich in etwa 20 m Höhe in eine weit ausladende Krone verzweigt. Die Baummasse erreicht fast 50 Festmeter. Diese und zwei weitere Pappeln in der Nähe zählen zu den stärksten ihrer Art im süddeutschen Raum. Anhand der Blattbestimmung handelt es sich hier um die Altsorte Neupotz, die in den badischen Rheinauen entdeckt wurde.
Standort: Von Au nach Nordwesten, in Richtung Rhein/Lauterbourg. Nach 2,7 km steht die Pappel etwa 100 m südlich der scharfen Rechtskurve, nahe am schmalen Fußweg.

47 Huteeiche am Goldkanal bei Elchesheim

Baumart: Eiche
Alter: 150-200 Jahre
Höhe: 23 m
Umfang: 430 cm
Krone: 26 m
Besonderheiten: Freistehende Stieleiche mit stark drehwüchsigem Stamm, nach Köpfung in 4 m Höhe

stark und weit ausladend neu verzweigt. Die untersten Äste streben fast waagerecht aus dem Stamm heraus. Zwei Starkäste sind an einer Stelle miteinander verwachsen. Der Ortsname „Goldkanal“ weist darauf hin, daß an dem hiesigen Seitenarm des Rheins früher Gold gewaschen wurde.
Standort: Von Steinmauern auf der Landstraße L 78 A nach Norden, nach etwa 1 km in den geteerten Weg

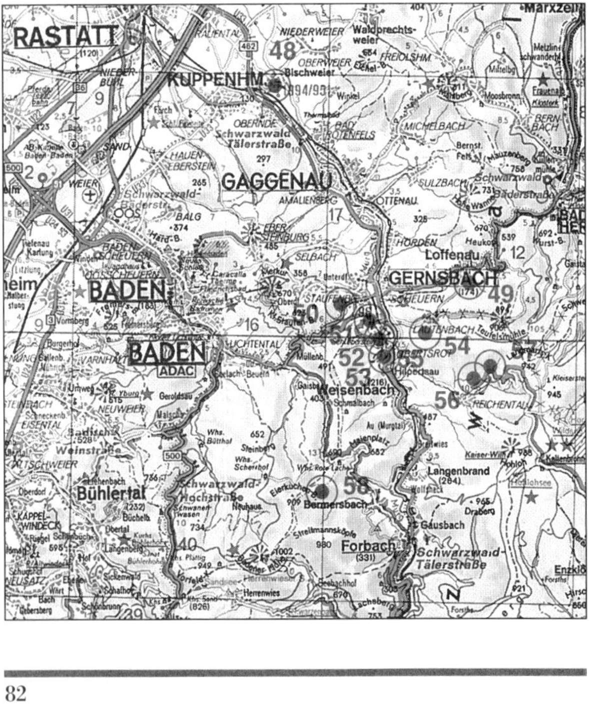

nach Nordwesten einbiegen. Etwa 1,8 km weiter steht die Eiche in einem Wegedreieck oberhalb des Goldkanalufers.

48 Blutbuche am „Winkler Hof“ bei Gaggenau

Baumart: Buche
Alter: 200-250 Jahre
Höhe: 26 m
Umfang: 460 cm
Krone: 25 m
Besonderheiten: Weitlaufende, geschwungene Wurzelanläufe. In etwa 6 m Höhe geht der Stamm in drei Hauptachsen über, die eine reich verzweigte, füllige, wuchtige und weit ausladende Krone bilden, deren Äste fast bis zum Boden herabhängen.
Standort: Auf dem Vorplatz des Winkler Hofes, nördlich von Gaggenau, im Ortsteil Winkel.

49 Buschenackereiche bei Loffenau

Baumart: Eiche
Alter: 300-350 Jahre
Höhe: 15 m
Umfang: 360 cm
Krone: 25 m
Besonderheiten: Die Traubeneiche ist fast im ganzen Stammverlauf hohl. In etwa 4 m Höhe zwieselt der Stamm. Der Baum hat stark unter einem früher im Hohlraum gelegten Feuer gelitten, treibt aber noch jährlich aus.
Standort: Der Beschilderung zur Reithalle folgen. Die Eiche steht am südöstlichen Ortsrand von Loffenau in einem kleinen Wäldchen zwischen der Rheinblickstraße und der Reithalle.

50 Hutewaldeiche bei Staufenberg

Baumart: Eiche
Alter: 400-500 Jahre
Höhe: 30 m
Umfang: 540 cm
Krone: 20 m

Besonderheiten: Knorrige, stark verzweigte Traubeneiche, deren wuchtiger Stamm mit zahlreichen Beulen und Figuren versehen ist und sich in 7 m Höhe in fünf Hauptachsen auflöst. Die untersten Äste erreichen fast den Boden. Bis vor etwa 150 Jahren war der Baum ein Glied des „Eichwald“ genannten Hutewaldes, in den die Schweine zur Mast eingetrieben wurden.

Standort: Am östlichen Ortseingang von Staufenberg nach links in den Erdbeerweg, dann 100 m rechts in den Hildgrundweg einbiegen. Nach weiteren 100 m an der Wegegabelung links halten bis zum Pavillon, dort steht 200 m unterhalb des Weges der Baum.

51 Alte Eibe am Schloß Eberstein

Baumart: Eibe
Alter: 200-300 Jahre
Höhe: 15 m
Umfang: 220 cm
Krone: 6 m

Besonderheiten: Stärkste und älteste von mehreren Eiben, die am Schloß stehen. Sie ist bis auf 2 m Höhe herab vielfach beastet und bildet in 4 m Höhe einen Starkast aus.

Standort: Direkt unter der nördlichen Befestigungsmauer des Schlosses.

52 Edelkastanie beim Schloß Eberstein

Baumart: Edelkastanie
Alter: 250-300 Jahre
Höhe: 25 m
Umfang: 600 cm
Krone: 15 m

Besonderheiten: Der mächtige, drehwüchsige Stamm teilt sich in 3 m Höhe in zwei Achsen. Der Altbaum, der noch reichlich Früchte trägt und nur im oberen Kronenbereich einige Trockenäste aufweist, ist von jungen Kastanien umgeben, die aus Wurzelbrut hervorgegangen sind. An einer benachbarten Altkastanie hat sich ein außergewöhnlich alter und starker (U = 50 cm) Efeu hochgerankt.
Sehenswert: Der „Baumkundliche Lehrpfad“, Weinberg und Schloß (1235 – 1272).
Standort: Von Schloß Eberstein – an einer Lindenallee vorbei – dem „Baumkundlichen Lehrpfad“ folgen. Nach 300 m steht unterhalb des Weges in einer Haarnadelkurve und einem keilförmigen Wäldchen die alte Kastanie.

53 „Bonsai“-Kiefer im Schloßwald Eberstein

Baumart: Kiefer
Alter: 200 Jahre
Höhe: 26 m
Umfang: 280 cm
Krone: 8 m

Besonderheiten: Kiefer mit buschig gestauchter Krone, deren Schaft bis in 20 m Höhe schön und gerade ist. Die nach Westen geneigte Krone erinnert mit ihrer Pilzhutform an einen „Bonsai“. Auch die sattgrüne Benadelung wirkt buschig.

Standort: Von Schloß Eberstein der Kreisstraße 3701 in Richtung Baden-Baden folgen. Nach 3 km steht die Kiefer etwa 50 m oberhalb der Straße in einem 15- bis 20-jährigen Kiefern/Fichtenbestand.

54 Rockerteiche bei Scheuern

Baumart: Eiche
Alter: 350-400 Jahre
Höhe: 35 m
Umfang: 490 cm
Krone: 25 m

Besonderheiten: Freistehende Traubeneiche, deren Stamm sich in 11 m Höhe in eine ringsum gut ausgebildete Krone auflöst, deren Form an einen Blumenkohl erinnert. In 6 und 8 m Höhe geht jeweils ein stärkerer Ast ab. Am unteren Stammteil hat eine starke Wasserreiserbildung eingesetzt. In der Nähe stehen drei weitere, starke Eichen. Der Name „Rockerteiche" ist von den nahen „Rockertfelsen" (flächenhaftes Naturdenkmal) hergeleitet.

Standort: Am Ortsausgang von Scheuern in Richtung Lautenbach, oberhalb der neuen Grundschule, nach rechts einbiegen. Nach 400 m, am letzten Haus oberhalb der Straße, den oberen Weg nehmen und der Beschilderung „Scheuerner Weg" folgen. Etwa 500 m weiter steht die Eiche, 50 m unterhalb des Weges, auf einer Jungwuchsfläche.

55 „Königsforle“ bei Obertsrot

Baumart: Kiefer
Alter: 150 Jahre
Höhe: 22 m
Umfang: 265 cm
Krone: 14 m

Besonderheiten: Ungewöhnlich verzweigte Kiefer, deren Stamm sich in 4 m Höhe in zahlreiche Äste, die fast alle senkrecht nach oben wachsen und teilweise miteinander verwachsen sind, völlig auflöst. An den Spitzen sind die Äste korkenzieherförmig gedreht. Diese Wuchsform ist vermutlich infolge eines Schneebruchs entstanden.

Standort: Unterhalb des Schwimmbades in Obertsrot der Beschilderung „Königsforle“ folgen. Die Kiefer steht im Gewann Wandberg im Gemeindewald Obertsrot auf einer Bergnase.

56 Eichenhain „Flachsland“ bei Reichental

Baumart: Eiche
Alter: 300-350 Jahre
Höhe: 25 m
Umfang: 355 cm
Krone: 21 m

Besonderheiten: Huteeichen, die in vergangenen Jahren immer wieder auf drei bis vier Meter Höhe herab geköpft wurden. Sie sind hierdurch stark verzweigt und immer wieder bestrebt, die Äste senkrecht aufzurichten. Viele Äste sind so geschwungen, daß ihre Formen an Schlangen erinnern und zuweilen geisterhaft wirken. Der Eichenhain wurde etwa zur Zeit des Dreißigjährigen Krieges als Schwei-

ne- und Großviehweide für die Bürger von Reichental in den Ebersteiner Waldungen angelegt. Ab 1654 war er freies Weidegebiet. Aber bereits 1579 wurde die Nutzung der Eichelmast durch eine Verordnung geregelt. Noch im Forstbetriebsplan des Jahres 1899 wurde der Eichenhain als Schweineweide ausgewiesen. Traubeneichen.
Standort: Von der von Reichental nach Kaltenbronn führenden Straße nach etwa 3 km an der Haltestelle „Orgelfelsen" nach links auf den Waldparkplatz einbiegen, von dort auf dem Waldweg der Beschilderung „Alte Eichen" folgen und an der nicht markierten Wegegabelung links halten. Nach 2,5 km kommt man an eine große Waldwiese, auf der die 12 verbliebenen Eichen in kleinen Gruppen stehen.

57 Zitzenfichte im „Eichenhain Flachsland" bei Reichental

Baumart: Fichte
Alter: 200-300 Jahre
Höhe: 30 m
Umfang: 360 cm
Krone: 17 m
Besonderheiten: Freistehende Fichte mit auffallend vielen, dicht gedrängten Ästen, die alle aus Wülsten am Stamm hervorbrechen. Das Interessante an dieser vielgestaltigen Verzweigung ist, daß einige Äste wie eigene Bäume aufstreben, andere sich bis zum Boden absenken. Sie sind immer dicht und voll benadelt.
Standort: Etwa 3 km hinter Reichenbach, von der nach Kaltenbronn

führenden Straße an der Haltestelle „Orgelfeslsen, nach links auf den Waldparkplatz einbiegen. Von dort auf dem Waldweg der Beschilderung „Alte Eichen“ folgen und an der nicht markierten Wegegabelung links halten. Nach 2,5 km kommt man an eine große Waldwiese, auf der die Fichte inmitten des Eichenhains steht.

58 Wettertanne bei Bermersbach

Baumart: Tanne
Alter: 200 Jahre
Höhe: 36 m
Umfang: 380 cm
Krone: 7 m
Besonderheiten: Der leicht drehwüchsige Stamm der Weißtanne neigt sich geringfügig nach Westen. In 5 und 7 m Höhe steht jeweils ein stärkerer Klebast. Danach kommen bis zur Krone, die etwa bei halber Stammlänge ansetzt, einige Trockenäste.
Standort: Vom Höhenhotel „Rote Lache“ aus dem Harzweg 2,5 km in südlicher Richtung bis zu einer Wegescheide (Holzschuhschrank), dann 0,5 km nach Westen dem „Blind-See-Weg“ folgen. Die Tanne steht rechts oberhalb des Weges.

59 Kaiserlinde in Kappelwindeck

Baumart: Linde
Alter: 260 Jahre
Höhe: 13 m
Umfang: 505 cm
Krone: 17 m
Besonderheiten: Freistehende Tanzlinde, deren hohler Stamm in 5 m

Höhe abgebrochen ist. In 2 und 4 m Höhe wurden die Äste galerieförmig waagerecht gezogen und die Astkränze von einem Holzgerüst gestützt. Von den Starkästen wachsen zahlreiche jüngere Triebe senkrecht nach oben, so daß der Baum noch eine Gesamthöhe von 13 m erreicht und eine gute Belaubung aufweist. Die Linde soll am 1. April 1737 von Jesuiten aus dem Kloster Ottersweier zu Ehren der Kaiserin Maria Theresia, die damals durch den Ort ritt, gepflanzt worden sein. Die Fläche unter dem Baum ist in ein achteckiges Sandsteinmauerwerk gefaßt.
Standort: Direkt vor der Kirche.

60 „Große Eiche“ am Müllergraben bei Muckenschopf

Baumart: Eiche
Alter: 250-300 Jahre
Höhe: 35 m
Umfang: 565 cm
Krone: 26 m
Besonderheiten: Stieleiche mit starkem, geradem, walzenförmigem Stamm mit Brettwurzeln, der sich in

10 m Höhe in eine mächtige, weitausladende Krone verzweigt.
Standort: Vom Kindergarten an der Eichwaldstraße in Muckenschopf dem asphaltierten Feldweg nach Osten, dann nach 1 km, an der Sitzgruppe, dem Waldweg nach Südosten folgen. 1,5 km weiter steht die Eiche rechts des Weges am Rande einer Eichenkultur.

61 Maria-Linden in Ottersweier

Baumart: Linde
Alter: 300-350 Jahre
Höhe: 20 m
Umfang: 565 cm
Krone: 16 m
Besonderheiten: Die hier beschriebene Winterlinde wird von drei Stammachsen gebildet, die bis in 1,5 m Höhe miteinander verwachsen sind und sich gleich danach wieder in drei eigene Stämme verzweigen. Am Stammfuß hat sich ein Hohlraum gebildet, der wie ein kleiner Tunnel aussieht. Die ursprüngliche Linde lebt heute nicht mehr. Vor der Wallfahrtskirche stehen, außer der hier aufgenommenen, noch drei weitere, jüngere Linden. Die Sage berichtet, daß vor langer Zeit das Bildnis der Gottesmutter in der Nische einer uralten (Vorgänger)-Linde stand. Als Kriegsvolk die Kirche nebst Gerätschaften und Bildern verwüstet hatte, überwucherte die Rinde der Linde das Madonnenbild, so daß es in dem Baum eingeschlossen blieb, bis eines Tages ein Hirtenmädchen, das in der Nähe seine Her-

de hütete, einen lieblichen Gesang vernahm, der aus dem Baum zu kommen schien. Als es davon seinem Vater berichtete, glaubte dieser an Zauberwerk eines bösen Geistes und schickte sich an, diesen mit der Axt aus dem Baum zu treiben. Als er den Baum berührte, fielen Teile der Baumrinde ab und das Bild der Madonna wurde sichtbar.
Standort: Auf dem Vorplatz der sehenswerten Wallfahrtskirche Maria-Linden. (Erstmals 1484 erwähnt, 1756 erweitert, 1764 durch den Markgrafen August Georg von Baden neu ausgestattet.)

62 Große Eiche bei der Burg Windeck bei Bühl

Baumart: Eiche
Alter: 300 Jahre
Höhe: 28 m
Umfang: 370 cm
Krone: 19 m
Besonderheiten: Trotz eines Blitzschadens, der sich über die gesamte Stammlänge hinzieht und in Augenhöhe eine Breite von 1 m erreicht, macht die Traubeneiche einen vitalen Eindruck. Unter dem Baum stehen zwei Sitzbänke. Sehenswert ist die 1212 erstmals erwähnte Burg Windeck oberhalb der Weinberge, von der man einen weiten Blick bis nach Straßburg hat.
Standort: Von der Burg Windeck auf dem schmalen Waldweg der Beschilderung „Neusatz“ etwa 1 km folgen. Der Baum steht direkt oberhalb einer Wegekreuzung.

63 Große Tanne in der Gertelbachschlucht bei Bühlertal

Baumart: Tanne
Alter: 180 Jahre
Höhe: 45 m
Umfang: 340 cm
Krone: 8 m

Besonderheiten: Die Weißtanne hat ein Volumen von etwa 13 Festmetern. Die Krone nimmt ein Drittel der Baumlänge ein, ist gut ausgebildet und zeigt einen vitalen Zustand. Der Schaft ist vollholzig und hat starke Wurzelanläufe. Sehenswert ist die wildromantische Gertelbachschlucht mit mehrstufigen Wasserfällen und weiteren starken Fichten und Tannen.

Standort: Am südöstlichen Ortsausgang von Bühlertal der Ausschilderung „Gertelbacher Wasserfälle" bis zum Haus Gertelbach (1,4 km) und von hier aus 300 m dem Fußweg am Gertelbach entlang folgen. Hinweistafel am Baum.

64 Eiche in Neusatz

Baumart: Eiche
Alter: 250-300 Jahre
Höhe: 25 m
Umfang: 515 cm
Krone: 18 m

Besonderheiten: Starke, knorrige Stieleiche mit mehreren „Kröpfen" am unteren Stammabschnitt. In etwa 4 m Höhe gehen die ersten, weit ausladenden Starkäste ab, die insgesamt eine mächtig wirkende Krone bilden. Efeubewuchs verstärkt den urigen Eindruck.

Standort: Unterhalb der Hauptstraße, direkt am Dorfbach.

65 Große Tanne bei Ottersweier

Baumart: Tanne
Alter: 200 Jahre
Höhe: 42 m
Umfang: 465 cm
Krone: 14 m

Besonderheiten: Vollholzige, geradschäftige, voll bekrone Weißtanne mit starken Wurzelanläufen. Die ringsum gut ausgebildete Beastung beginnt etwa in 20 m Höhe. Volumen = 30 Festmeter!

Standort: Vom „Hundseck“ aus quer über den Skilift dem unteren Waldweg bis zur Schillerhütte und weiter dem Waldweg „Katharinengäßchen“ in Richtung Untersmatt folgen, bis links am Weg das Schild „Naturdenkmal Große Tanne“ steht. Der Baum befindet sich 50 m unterhalb des Weges in einem jüngeren Fichtenbestand.

66 Hochlagenfichten am Schurmsee

Baumart: Fichte
Alter: 220-240 Jahre
Höhe: 48 m
Umfang: 320 cm
Krone: 5 m

Besonderheiten: Hohe Säulenfichte einer typischen Hochlagenform. Der Baum ist zu zwei Dritteln seiner Länge beastet. Im unteren Drittel der Krone liegen die Äste eng am Stamm an, nach oben ist die Verzweigung normal, aber schmal. Diese autochthonen Fichten sind in 795 m Seehöhe den winterlichen Verhältnissen angepaßt. Anerkannter Saatgutbestand, zu dem auch mehrere alte Tannen gehören.

Standort: Von Schönmünzach 4,3 km der Beschilderung zum Schurmsee und von der Schurmseehütte 400 m nach Westen dem Weg am Seeufer folgen. Oberhalb des Weges steht eine starke Tanne und 50 m weiter die hier beschriebene Fichte.

67 Große Tanne beim Forsthaus Tauchert bei Schönmünzach

Baumart: Tanne
Alter: 220-240 Jahre
Höhe: 45 m
Umfang: 380 cm
Krone: 11 m

Besonderheiten: Die Weißtanne ist als Traufbaum nach Südwesten hin zu etwa zwei Drittel der Gesamtlänge beastet. Im oberen Drittel ist die Krone ringsum gut ausgebildet und macht einen sehr vitalen Eindruck. Die Äste sind leicht abfallend nach unten geschwungen.

Standort: In Schönmünzach vom Forsthaus Tauchert aus 400 m der Beschilderung zum Schurmsee folgen. Die Tanne steht direkt oberhalb des Weges. Weitere starke Tannen sind am Weg zum Schurmsee zu finden.

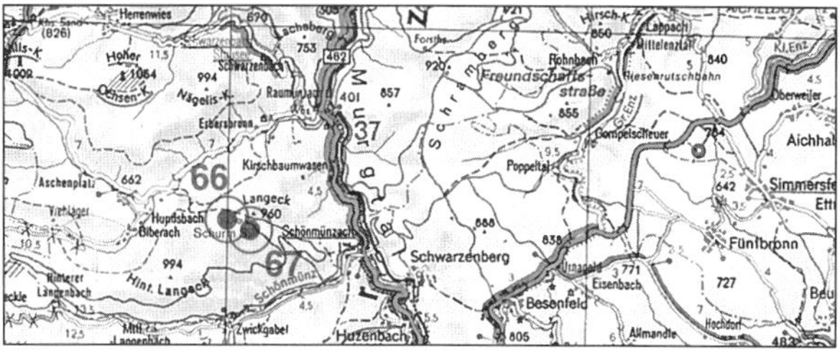

68 Vierstämmige Eiche beim Sanatorium Höhenblick in Baden-Baden

Baumart: Eiche
Alter: 400 Jahre
Höhe: 31 m
Umfang: 305,325,310,310 cm
Krone: 32 m
Besonderheiten: Die Traubeneiche teilt sich kurz über dem Boden in vier Stämme, zwischen denen am Stammfuß ein kleiner Standraum entstanden ist. Die Krone ist nach Südwesten am stärksten ausgebildet.
Standort: In der Parkanlage des Sanatoriums Höhenblick/Leopoldstraße 23, an dem Hang oberhalb des Werkstatt-Flachgebäudes.

69 Linde beim Neuen Schloß in Baden-Baden

Baumart: Linde
Alter: 350-400 Jahre
Höhe: 22 m
Umfang: 680 cm
Krone: 22 m
Besonderheiten: Hohle Winterlinde, deren Stammfuß von zwei Säulen gebildet wird. In 2,5 m Höhe verzweigt sich der Stamm in zwei Achsen, die auch völlig hohl sind. Der stark nach Süden geneigte Stamm wird von einem Holzbalken gestützt. Der Baum besitzt eine volle, vitale Krone. Sehenswert sind das Neue Schloß und der Schloßgarten. Ende des 14. Jahrhunderts wurde an dieser Stelle eine bewohnte Burganlage erstmals erwähnt. Markgraf Philipp II (1574 bis 1588) ließ das Schloß ausbauen. 1689 wurde es zerstört, danach nur notdürftig wiederhergestellt, weil die Residenz 1705 nach

Rastatt verlegt wurde. 1843 – 1847 wurden dann wieder umfangreiche Bauarbeiten am Schloß vorgenommen.
Standort: Am südlichen Rand des Schloßgartens, hinter dem Schloß.

70 Mammutbaum an der Kronprinzenstraße in Baden-Baden

Baumart: Sequoie
Alter: 150 Jahre
Höhe: 30 m
Umfang: 600 cm
Krone: 8 m
Besonderheiten: Der Baum ist fast bis zum Boden herab mit einer Vielzahl starker Äste besetzt, die in alle Richtungen geschwungen und gebogen sind und, leicht nach unten ge-

neigt, aus dem Stamm herausstreichen. Die Krone nimmt über zwei Drittel der Baumlänge ein. Dieser Baum ist der stärkste der über das ganze Stadtgebiet verteilten Mammutbäume.
Standort: Im Vorgarten des Grundstücks Kronprinzenstraße 12.

71 Hängebuche an der Lichtentaler Allee in Baden-Baden

Baumart: Buche
Alter: 150 Jahre
Höhe: 22 m
Umfang: 195/340 cm
Krone: 21 m
Besonderheiten: Die fast ringsum geschlossenen Äste der Buche hängen bis zum Boden herab. Die Stammachse ist von weitem nicht zu sehen. Der Stamm verzweigt sich erstmalig in 0,5 m und dann in 2,5 m Höhe. Die Hängebuche sticht aus dem beeindruckenden Baumbestand der Lichtentaler Allee besonders hervor.
Standort: Auf einer Wiese an der Lichtentaler Allee, etwa in Höhe des Kongresszentrums.

72 Alte Eiche an der Kurpark-Residenz Bellevue in Baden-Baden

Baumart: Eiche
Alter: 500-600 Jahre
Höhe: 24 m
Umfang: 555 cm
Krone: 16 m
Besonderheiten: Der starke, abholzige Stamm der Traubeneiche teilt sich erst in 10 m Höhe in zwei Achsen. In 2 m Höhe befindet sich eine größere Öffnung, die verblombt wurde. Der Baum neigt sich nach Süden zum

Gebäude hin und ist daher mit zwei Drahtseilen verankert. Die Eiche macht, trotz ihres hohen Alters, einen vitalen und starken Eindruck.
Standort: Auf dem Vorplatz der Kurparkresidenz Bellevue, neben der Tiefgarageneinfahrt an der Ludwig-Wilhelm-Straße 26.

73 Platane an der Russischen Kirche in Baden-Baden

Baumart: Platane
Alter: 120-150 Jahre
Höhe: 34 m
Umfang: 525 cm
Krone: 39 m
Besonderheiten: Der untere, starke Stammabschnitt weist zahlreiche Beulen auf. Der Stamm teilt sich in 5 m Höhe in vier stärkere Äste, die ein riesiges, hohes und weit ausladendes Kronendach bilden. Der wuchtige Baum verdunkelt die gesamte Straße. Im Stadtgebiet sind weitere schöne Platanen zu finden. Sehenswert ist die Russische Kirche, die von 1880 bis 1882 aus hellem Sandstein im byzantinischen Stil erbaut wurde.
Standort: Gegenüber der Russischen Kirche, am Fahrbahnrand der Robert-Koch-Straße.

74 Zwei Trompetenbäume im Kloster Lichtental in Baden-Baden

Baumart: Trompetenbaum
Alter: 100-150 Jahre
Höhe: 14 m
Umfang: 290, 290 cm
Krone: 11 m
Besonderheiten: Die Bäume sind nicht besonders stark, erscheinen aber durch zahlreiche Beulen, Wül-

ste und sonstige Verwachsungen an ihren kurzen Stammabschnitten als besonders formenreich. Beide Bäume sind stark von Fäulnis befallen und besitzen nur kleine Kronen. Sehenswert ist das bereits 1243 urkundlich erwähnte und von der Markgräfin Irmgard von Baden gestiftete Kloster der Zisterzienserinnen.
Standort: Links und rechts des Mittelweges im Innenhof des Klosters Lichtental.

75 Herrgottstanne im Stadtwald Baden-Baden

Baumart: Tanne
Alter: 200 Jahre
Höhe: 50 m
Umfang: 430 cm
Krone: 8 m
Besonderheiten: Der außergewöhnlich hohe Baum kommt auf ein Volumen von 34 Festmetern. Er ist vollholzig und hat eine gut ausgebildete Krone, die zwei Drittel der Stammlänge einnimmt. In 8 m Höhe geht ein stärkerer Ast waagerecht vom Stamm ab, strebt dann senkrecht nach oben und wirkt wie ein eigenes, kleines Bäumchen.
Standort: Von der Waldgaststätte Scherrhof nach Westen, etwa 1 km der Beschilderung „Geroldsauer Wasserfälle – Baden-Baden“, dann 0,5 km dem Braxmaier – Volzweg und 1 km dem Erlenbachweg folgen. Der Baum steht unterhalb eines Wegedreiecks.

76 Uhlandsulme im Kloster Hirsau

Die sogenannte „Uhlandsulme", die im Saalbau der Ruine des um 830 gegründeten Klosters Hirsau (bei Calw) stand, ist der Ulmenkrankheit zum Opfer gefallen.

77 Wellingtonie am Lützenhardter Hof bei Hirsau

Baumart: Sequoie
Alter: 130 Jahre
Höhe: 37 m
Umfang: 785 cm
Krone: 15 m
Besonderheiten: Mitte der Fünfziger Jahre des vorigen Jahrhunderts kam Saatgut der um 1850 entdeckten Riesensequoie auch nach Württemberg und wurde auf königliches Geheiß ausgesät. Nach etwa zehn Jahren wurden Hunderte von Pflanzen im Land verteilt und an verschiedenen Stellen gepflanzt. Von diesen waren aber nur wenige den hiesigen Standortbedingungen gewachsen, so daß sie zu so stattlichen Bäumen - wie der hier beschriebene - heranwuchsen. Ein etwas schwächeres Exemplar steht unmittelbar daneben.
Standort: Vor der Schranke der Landesklinik, etwa 6 km von Hirsau entfernt, führt nach links ein Schotterweg am Waldrand nach ca. 150 m zu dem Baum.

78 Große Eiche bei Oberkollwangen

Baumart: Eiche
Alter: 300-350 Jahre
Höhe: 18 m
Umfang: 425 cm
Krone: 17 m
Besonderheiten: Die Stieleiche mit ihrem durchgehenden Stamm, den

abgewinkelten Starkästen und der riefigen Rinde vermittelt einen knorrigen Eindruck. An der Ortsdurchfahrt steht eine mächtige Linde.
Standort: Etwa 200 m hinter dem Ortsausgang in Richtung Agenbach, auf der rechten Seite.

79 Die Douglasie von Enzklösterle

Baumart: Douglasie
Alter: 115 Jahre
Höhe: 33 m
Umfang: 570 cm
Krone: 22 m
Besonderheiten: Die 1880 gepflanzte Douglasie beeindruckt besonders durch die für Nadelbäume ungewöhnliche Baldachinkrone wie auch durch starke Wurzelanläufe und einen beuligen, grobrindigen Stamm mit vielfältigen Astformen.
Standort: Im Kurpark, etwa 60 m unterhalb der Kirche.

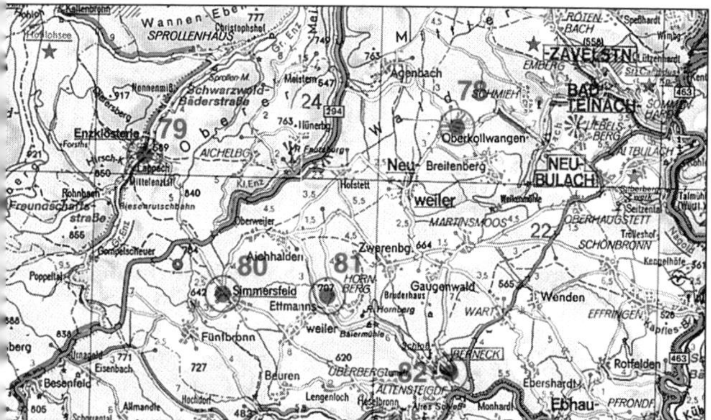

80 Mammutbaum in Simmersfeld

Baumart: Sequoie
Alter: 135 Jahre
Höhe: 25 m
Umfang: 785 cm
Krone: 22 m
Besonderheiten: Der 1859 gepflanzte Baum gehört mit dem gewaltigen, schlangenförmigen Astwerk und der dichten, ausladenden Krone zu den schönsten seiner Art in diesem Land.
Standort: Auf dem Friedhof.

81 Eiche bei Hornberg

Baumart: Eiche
Alter: 400-450 Jahre
Höhe: 22 m
Umfang: 505 cm
Krone: 28 m
Besonderheiten: Über einem kurzen, walzenförmigen Stamm wölbt sich eine dichte, viel- und starkastige Krone, die einen herrlichen Baldachin über dem Spiel- und Ruheplatz bildet. Traubeneiche.
Standort: An der Straße von Hornberg nach Aichhalden, auf dem Spielplatz an der Hornberger Hütte.

82 Linden in Berneck

Baumart: Linde
Alter: 300 Jahre
Höhe: 31,31 m
Umfang: 515,470 cm
Krone: 22,19 m
Besonderheiten: Zwei alte, hohe Sommerlinden mit bemoosten, beuligen und furchigen Stämmen und vielfältigem Astwerk.
Standort: Am Bernecker See, an der von der Unterstadt zur Oberstadt führenden Straße.

83 Urwald am Wilden See

Baumart: Tanne, Fichte, Kiefer
Alter: bis 300 Jahre
Besonderheiten: Der eiszeitliche Wildsee liegt in 900 m Seehöhe, ist etwa 2 ha groß und bis zu 30 m tief. Er gehört zu dem Naturschutzgebiet zwischen Hornisgrinde und Ruhestein, das jahrhundertelang als Sommerweide genutzt wurde und darum auch waldfrei war. Lediglich die Winterseite des Schönmünztales wurde in der Karte von Johann Stahl aus dem Jahre 1754 als Wald gekennzeichnet. 1758 erlebte das hintere Murgtal eine starke Waldausbeutung durch eine niederländische Holzhandelskompanie, der die Holznutzung von den Landesherren verkauft worden war. Im August 1800 vernichtete ein Brand rund 3000 ha an Kahl- und Jungwaldflächen. Aus der Zeit danach stammt ein Großteil der Waldbestände. An nassen Standorten, die vom Brand verschont blieben, stehen

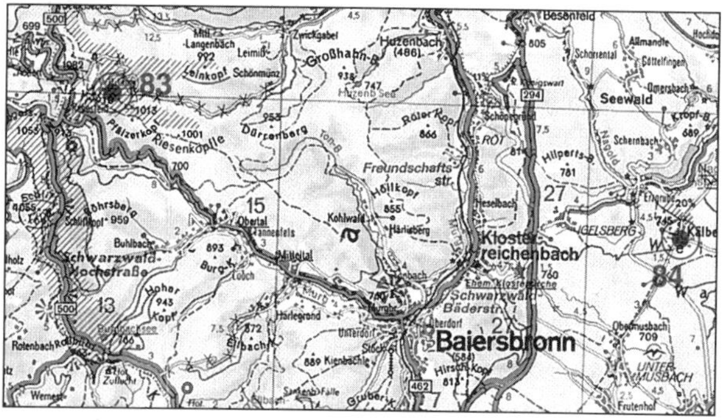

noch Tannen, die mehrere hundert Jahre alt sein dürften. Das Weiderecht wurde 1864 abgelöst, 1911 wurde das Kerngebiet als Bannwald aus der Bewirtschaftung entlassen. Das Schutzgebiet umfaßt 84 ha und hat die Erhaltung urwüchsiger Nadelholzmischbestände und die Erforschung ihres Konkurrenzverhaltens und ihrer Entwicklung als Ziel. (Siehe: Zehn Baumgeschichten).
Standort: Am Ende des Schönmünzachtales.

84 Die Großen Tannen von Kälberbronn

Baumart: Tanne
Alter: 250-300 Jahre
Höhe: bis 50 m
Umfang: bis über 500 cm
Krone: bis 15 m
Besonderheiten: Relativ naturnaher Tannen-Buchen-Wald mit wenigen Fichten im rund 13 ha großen Naturschutzgebiet „Große Tannen".
Standort: Weiler Wald westlich der Kerngemeinde Pfalzgrafenweiler, Parkplatz „Hohe Tannen", 100 m nördlich Kälberbronn.

85 Linde bei Eutingen

Baumart: Linde
Alter: 300 Jahre
Höhe: 18 m
Umfang: 500 cm
Krone: 16 m
Besonderheiten: In geringer Höhe teilt sich der Erdstamm in zwei mächtige, emporstrebende Stämme.
Standort: Links neben der von Eutingen nach Untertalheim führenden Straße.

86 Zwei Linden bei Horb

Baumart: Linde
Alter: 250-300 Jahre
Höhe: 25 m
Umfang: 400,465 cm
Krone: zusammen 29 m

Besonderheiten: Die beiden Linden mit ihren beuligen, knorrigen Stämmen und den vollen, vielverzweigten Kronen bilden mit der Kapelle ein gefälliges Ensemble.

Standort: An der Josefskapelle am nordwestlichen Ortsrand.

87 Die „Großvatertanne“ bei Freudenstadt

Baumart: Tanne
Alter: 250-300 Jahre
Höhe: 46 m
Umfang: 520 cm
Krone: 14 m

Besonderheiten: Eine gewaltige, astfreie Baumsäule bis in etwa 13 m Höhe. Zwei weitere, ähnlich starke Tannen stehen etwa 50 m entfernt.

Standort: Von Freudenstadt in Richtung Zwieselberg, dann der Straße nach Schömberg ca. 500 m folgen, nach links auf den Waldweg abbiegen. (Wegweiser zur Tanne). Nach 400 m steht links die Tanne.

Regierungsbezirk Stuttgart

Main-Tauber-Kreis

88 „Doggelesbaum“ bei Nassau

Baumart: Linde
Alter: 300-400 Jahre
Höhe: 18 m
Umfang: 650 cm
Krone: 14 m

Besonderheiten: Die auffälligen Verwachsungen dieser „Kopflinde“ kommen daher, daß ihre Äste zur Futtergewinnung immer wieder im Sommer geschnitten und dann getrocknet wurden. Winterlinde.

Standort: Am nördlichen Ortsausgang von Nassau zweigt links ein Weg nach Lichtenhöfe ab. Diesem ca. 1,5 km folgen und kurz vor dem Hof nach links abbiegen.

89 Die „Sesseleiche“ bei Bad Mergentheim

Baumart: Eiche
Alter: 150 Jahre
Höhe: 25 m
Umfang: nicht mehr meßbar
Krone: 18 m

Besonderheiten: Hier sind drei Traubeneichen im untersten Stammbe-

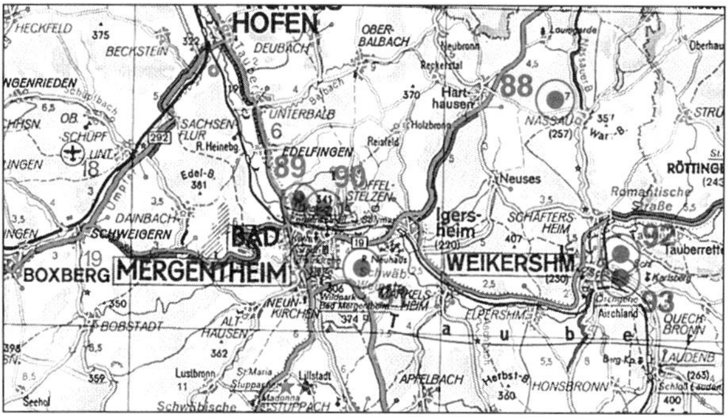

reich zusammengewachsen und bilden eine Art „Sessel“.
Standort: Am Südrand des Ketterwaldes, am Nordrand von Bad Mergentheim, etwa 40 m nördlich des Wanderweges Nr. 2, der parallel zum Panoramaweg verläuft. Unter Zuhilfenahme des Stadtplans findet man den Baum am Nordrand des Segmentes F.

90 Die „Saugnapfeiche“ bei Bad Mergentheim

Baumart: Eiche
Alter: 300-350 Jahre
Höhe: 25 m
Umfang: 395 cm
Krone: 14 m
Besonderheiten: Diese Traubeneiche erfährt am Stammfuß eine grotesk anmutende, wulstige Erweiterung mit einem Umfang von 8 Metern, die den Eindruck vermittelt, als sei die Eiche mit einem Saugnapf am Boden behaftet.
Standort: Im Ketterwald, am Wanderweg Nr. 2, etwa 50 m westlich dessen Zusammentreffens mit dem Panoramaweg. (Siehe Stadtplan, nördliches Segment G.)

91 Speierling bei Bad Mergentheim

Baumart: Speierling
Alter: 60-80 Jahre
Höhe: 10 m
Umfang: 170 cm
Krone: 14 m
Besonderheiten: Der stark gebogene Stamm löst sich in einen Strauß zahlreicher Äste auf, die eine volle, runde Krone bilden.
Standort: Vom Parkplatz „Galgen-

berg“ (etwa 2 km südlich Bad Mergentheim, an der B 290) auf dem Waldweg (Radwanderweg) in Richtung Herbsthausen (Hinweisschild), sich links am Waldrand haltend nach 200 m auf den Fußweg Richtung Burg Neuhaus wechseln. 100 m weiter steht der Baum auf freiem Feld. Von dort hat man Aussicht auf Bad Mergentheim und Burg Neuhaus.

92 Bizarre Linden am Eingang zum Wildpark „Karlsberg“ bei Weikersheim

Baumart: Linde
Alter: über 100 Jahre
Höhe: bis 20 m
Umfang: bis 150 cm
Krone: bis 15 m
Besonderheiten: Auffallend bizarre Verformungen der beuligen, knotigen, moosbewachsenen Äste. Sehenswert sind der Wildpark mit Rot-, Schwarz-, Dam- und Muffelwild, das Forstmuseum und der „Planetenweg“.
Standort: Unmittelbar vor dem Eingangstor zum Wildpark auf der rechten Seite. In Weikersheim ist der Weg zum Wildpark ausgeschildert.

93 Kleine Winterlinde im Wildpark „Karlsberg“ bei Weikersheim

Baumart: Linde
Alter: 250-300 Jahre
Höhe: 16 m
Umfang: 335 cm
Krone: 17 m
Besonderheiten: Trotz relativ geringer Abmessungen macht dieser Baum mit seinem knotigen, wulstigen, bemoosten Erdstamm einen urigen Eindruck. Die Krone wurde in

früherer Zeit mehrfach gestutzt. Weitere Linden stehen in der Nähe.
Standort: Am südlichen Rand des Rondells, etwa 20 m links (vom Tor aus) des Hauptweges, neben einer Bank. Der Weg zum Wildpark ist in Weikersheim ausgeschildert.

94 Zwei Eichen bei Pfitzingen

Baumart: Eiche
Alter: 250 Jahre
Höhe: 22, 21 m
Umfang: 440, 420 cm
Krone: 31, 29 m
Besonderheiten: Alte Huteeichen mit großen, halbkugelförmigen Kronen und bogenförmig aufsteigenden Ästen. Traubeneichen.
Standort: Etwa 100 m hinter dem Ortsausgang Pfitzingen in Richtung

Herrenzimmern zweigt ein Feldweg nach links ab. Dieser führt zum Park- und Spielplatz am Waldrand.

95 Dorflinde in Wildentierbach

Baumart: Linde
Alter: 400 Jahre
Höhe: 12 m
Umfang: 510 cm
Krone: 12 m
Besonderheiten: Hohles, nach oben offenes Stammfragment mit bizarrer, aus wenigen, sehr kurzen Ästen aufgebauter Krone.
Standort: An der alten Wehrkirche.

96 Bergahorn in Sichertshausen

Baumart: Ahorn
Alter: 250-300 Jahre
Höhe: 22 m
Umfang: 390 cm
Krone: 23 m
Besonderheiten: Sehenswerter Solitär mit großer, strahlenförmiger Krone. Die Ansätze der sehr langen Äste erscheinen miteinander verwachsen zu sein.
Standort: Am Ortseingang (aus Richtung Niederstetten) in den ersten Weg links abbiegen und dem Weg hangaufwärts etwa 60 m folgen.

97 Lenzeiche bei Sichertshausen

Baumart: Eiche
Alter: 255 Jahre
Höhe: 25 m
Umfang: 610 cm
Krone: 30 m
Besonderheiten: Gewaltiger Eichenpilz mit vollholzigem Stamm und einer weit ausladenden, vollbeasteten,

kugeligen und nach allen Seiten gleichmäßig ausgebildeten Krone. Die untersten Äste verlaufen in Manneshöhe fast waagerecht. Der Gpfel des Jungbaumes wurde offensichtlich geköpft, und die Äste wurden in die Horizontale gezwungen. Ehemaliger Centbaum, einer der Bäume, welche die Grenzen des altfränkischen Centgerichtsbezirks kennzeichneten. (Siehe: Zehn Baumgeschichten).
Standort: Neben der Straße nach Bartenstein, etwa 1 km von der B 290 entfernt.

148 Die „Sieben Tannen“ bei Deckenpfronn

130 Feldeiche bei Neunheim

262 Landgerichtsbuche bei Mundingen

261 Die Ziegelhoflinde bei Ehingen

241 Esterhazy-Silberpappel auf der Insel Mainau

42 Kanzelbuche bei Sternenfels

107 Uralte Linde in Meimsheim

190 Douglasie im Hofswald bei Emmendingen

276 Zwei Ulmen mit Wegkreuz bei Marbach

83 Urwald am Wilden See

206 Der Balzer Herrgott bei Wildgutach

160 „Förstereiche“ bei Hildrizhausen

139 Die „Kropfeiche“ im Wildpark bei Stuttgart

179 Die Dorflinde bei Zusenhofen

156 Vierstämmige Esche in Altdorf

Wuchsgebiete in Baden-Württemberg

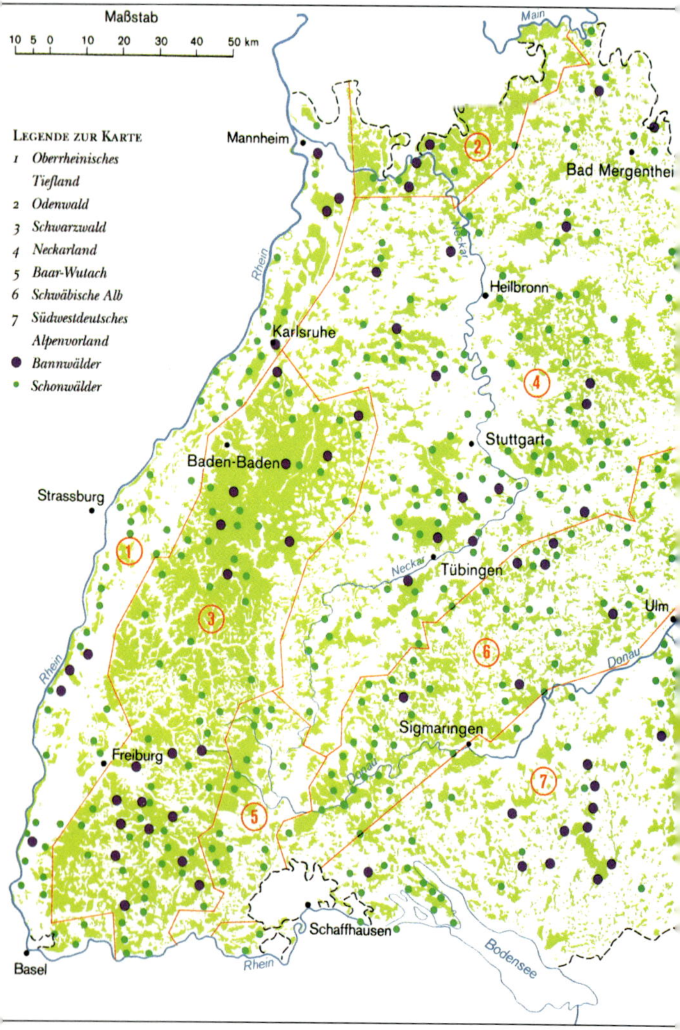

98 Lindenlaube in Hollenbach

Baumart: Linde
Alter: 600-800 Jahre
Höhe: 18 m
Umfang: 740 cm
Krone: 22 m

Besonderheiten: Der Stamm der alten Sommerlinde ist hohl, knorrig und gut saniert. Die unteren Äste wurden durch Anpflocken horizontal ausgezogen und durch ein Traggerüst, das bereits 1750 erwähnt wurde, gestützt. Am Kronenrand richten sie sich wieder auf. Der vollbelaubte, gesund wirkende Baum bot unter seinem Dach einen willkommenen Ort für Versammlungen der Dorfbewohner. Nach dem 1.Weltkrieg wurde unter der Linde ein Ehrenmal für die Gefallenen errichtet. (Siehe : Zehn Baumgeschichten).

Standort: Vor der Kirche.

99 Eiche mit Madonnenfigur bei Eberstal

Baumart: Eiche
Alter: 300-400 Jahre
Höhe: 13 m
Umfang: 470 cm
Krone: 14 m

Besonderheiten: Die Stieleiche ist eine urige Erscheinung mit kurzem, aber ausgesprochen knorrigem, bemoostem Stamm. Faszinierendes Ensemle von Baum und Andachtsstätte. Im hohlen Stamm der Eiche befindet sich eine Madonnenfigur, die vielmals mit Blumen geschmückt wird.

Standort: Der Straße von Eberstal nach Ingelfingen 2 km folgen, dann auf der Anhöhe nach rechts abbiegen. 700 m weiter befindet sich der Baum auf der rechten Seite dieses Weges.

100 Eiche bei Schöntal

Baumart: Eiche
Alter: 300-400 Jahre
Höhe: 31 m
Umfang: 615 cm
Krone: 22 m

Besonderheiten: Stieleiche mit dichter, trichterförmiger Krone. Der untere Stammbereich weist starke Wunden mit Faulholz auf. Bis 1796 wurde unter dieser Eiche das jährliche Frevelgericht abgehalten. Später feierte man hier fröhliche Feste. Sehenswert: Kloster Schöntal, 1157 von Zisterziensern im Jagsttal gegründet. Stifter war Wolfram von Bebenberg. Die Grundstücke wurden von den Berlichingen gegeben. 1757 von Kaiser Friedrich I., 1176 von Papst Alexander III. bestätigt, 1418 reichsunmittelbar. Zerstörun-

gen durch Bauernkriege 1525. Abt Knittel von 1683 – 1732 (Verse). 1803 säkularisiert.
Standort: Von der Straße von Neuhof nach Schöntal am Waldrand, etwa 50 m hinter einem Feldkreuz, nach rechts in einen Weg einbiegen. Nach etwa 100 m knickt dieser scharf nach links in Richtung Kloster Schöntal ab. An der Gabelung den oberen Weg nehmen. An diesem steht nach etwa 130 m die Eiche.

101 Die Neusasser Linde

Baumart: Linde
Alter: 600 Jahre
Höhe: 25 m
Umfang: 815 cm
Krone: 22 m
Besonderheiten: Winterlinde mit wuchtigem, spannrückigem Stamm und ausgeprägten Wurzelanläufen. Über dem etwa 2,5 m hohen, hohlen, teilweise offenen Stammantel bilden fünf Hauptachsen eine voll belaubte, kugelförmige Krone. In Neusass gründeten Zisterzienser im Jahre 1152 ein Kloster, das sie aber aufgrund ihrer Ordensregeln bereits fünf Jahre später ins Jagsttal verlegen mußten. Sie nannten es „Schöntal". Die Neusasser Linde war vermutlich auch Gerichtsort. Neusass war ein alter „Markt" an der Höhenstraße, etwa bis zum Ende des 18. Jahrhunderts. Die Marien-Wallfahrtskapelle stammt aus dem Jahre 1667.
Standort: Auf der Kreisstraße 2322 von Schöntal nach Süden, an der

Kreuzung Neuhof auf der Kreisstraße 2321 nach Nordosten, hinter dem kleinen Waldstück auf der linken Seite dem Wegweiser nach Neusass folgen.

102 Eiche am Kärchersträßle bei Westernbach

Baumart: Eiche
Alter: 300-350 Jahre
Höhe: 29 m
Umfang: 540 cm
Krone: 26 m

Besonderheiten: Mächtiger Überhälter, Stieleiche mit starker Brettbildung der Rinde an der Ostseite des Stammes. Erste Äste in etwa 8m und in 12 m Höhe drei Hauptachsen, die eine trichterförmige Krone bilden.

Standort: Von Westernbach in Richtung Zweiflingen nach etwa 2 km, gegenüber der Abzweigung nach Friedrichsruhe, nach links in das „Kärchersträßle“ einbiegen. 1,5 km

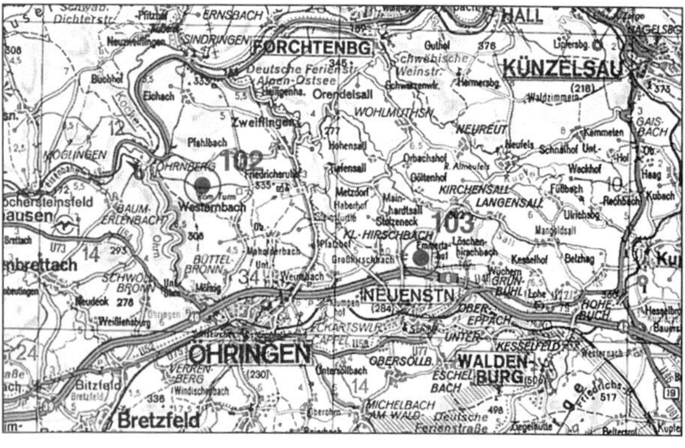

weiter steht die Eiche im Bestand südlich der Straße, oder: in Ohrnberg dem Wegweiser „Neuholzhöfe“ folgen. Etwa 900 m hinter den Höfen steht der Baum.

103 Die Eiche von Emmertshof

Baumart: Eiche
Alter: 700 Jahre
Höhe: 22 m
Umfang: 820 cm
Krone: 22 m
Besonderheiten: Gewaltige Stieleiche, einer der alten Hutebäume, die an dem früheren Fischerhof, dessen Bewohner von der Teich- und Weidewirtschaft lebten, standen. Das auffälligste an diesem Baum sind seine gewaltigen Wurzelanläufe mit einem baumstarken, meterlangen Ausleger. Die Baumhöhe entspricht in etwa der Kronenauslage. Sehenswert: Schloß und Stadt Neuenstein.
Standort: Etwa 700 m nördlich der Autobahn A 6 – Anschlußstelle Neuenstein an der Straße nach Kirchensall, am Westrand des Ortes Emmertshof.

104 Eiche bei Bad Rappenau

Baumart: Eiche
Alter: 300-350 Jahre
Höhe: 32 m
Umfang: 535 cm
Krone: 20 m
Besonderheiten: Der Erdstamm der Stieleiche ist hinter vielen Wasserreisern verborgen und nur stellenweise kommt die grobrissige Rinde zum Vorschein. Steil angesetzte Äste schlängeln sich in die Krone, die zu einem erheblichen Teil reduziert zu sein scheint.
Standort: An der ersten Ampelkreuzung am Ortsrand von Bad Rappenau in Richtung Bad Wimpfen nach links in einen geteerten Feldweg einbiegen und diesem etwa 250 m folgen. Die Eiche steht am Waldrand, links des Weges.

105 Friedhofsulme in Bonfeld

Baumart: Ulme
Alter: 300 Jahre
Höhe: 27 m
Umfang: 610 cm
Krone: 26 m
Besonderheiten: Mächtiger Baum mit dichter, tiefreichender, unregelmäßig aufgebauter Krone.
Standort: Auf dem Friedhof.

106 Vier-Brüder-Eiche bei Kirchardt

Baumart: Eiche
Alter: 200 Jahre
Höhe: 36 m
Umfang: 545 cm
Krone: 20 m
Besonderheiten: Vier Traubeneichen sind bis in 2,5 m Höhe zusammengewachsen. In 12 m Höhe setzt eine gut

belaubte, hohe Krone mit geschlängelten Ästen an.
Standort: Auf der B 39 von Kirchardt nach Osten, etwa 600 m hinter dem Ortsausgang auf dem Feldweg nach Süden bis zum Waldrand, dann 500 m nach Osten. Etwa 150 südlich des Waldweges stehen die Eichen im Buchenbestand.

107 Uralte Linde in Meimsheim

Baumart: Linde
Alter: 700-800 Jahre
Höhe: 8 m
Umfang: 905 cm
Krone: 15 m
Besonderheiten: Die Sommerlinde diente noch im 14. Jahrhundert als Gerichtsbaum. Das schwäbische Baumbuch von 1911 beschreibt den Baum als vital, etwa 20 m hoch, mit einem Umfang von 835 cm, einer Kronenauslage von 30 m. Bis vor wenigen Jahren wurden noch Körbe

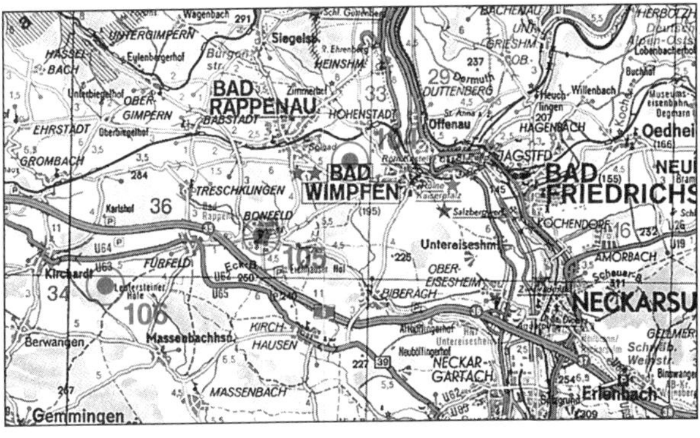

voller Lindenblüten an diesem Baum geerntet. Heute ist der Stamm auseinandergebrochen und die einzelnen Teile werden mit Eisenstangen zusammengehalten. Die waagerechten Äste sind abgestützt. Sechs Römerstraßen kamen an diesem Platz, an dem sich eine größere Niederlassung befand, zusammen. (Siehe: Zehn Baumgeschichten).
Standort: An der spätgotischen Kirche aus dem Jahre 1461.

108 Lindenstrauß bei Pfahlhof

Baumart: Linde
Alter: 150-200 Jahre
Höhe: 28 m
Umfang: 540 cm
Krone: 19 m
Besonderheiten: Sechs Winterlinden sind bis in 1 m Höhe zusammenge-

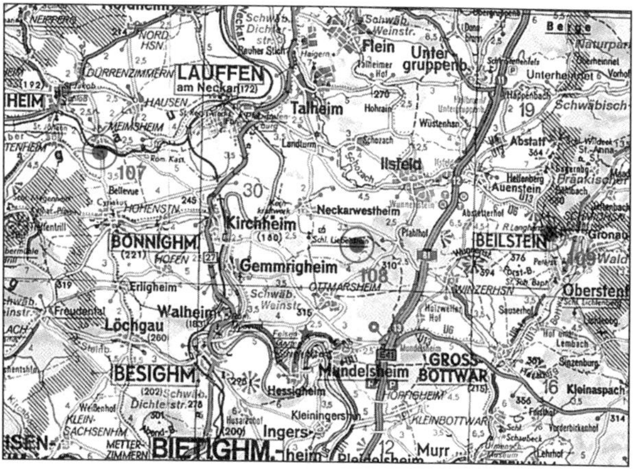

wachsen und trennen sich dort zu einer voll belaubten, straußförmigen Krone.
Standort: Von der Kreisstraße 2085 von Pfahlhof in Richtung Neckarwestheim hinter dem Wald am Sportplatz dem Feldweg nach links bis zum Querweg, dann diesem nach links bis zum Waldrand und dem Waldrandweg etwa 200 m folgen.

109 Die „Annalinde“ in Beilstein

Baumart: Linde
Alter: 200-300 Jahre
Höhe: 12 m
Umfang: 375 cm
Krone: 18 m
Besonderheiten: Der etwas gestuft wirkende Aufbau dieser Winterlinde läßt eine vernachlässigte Tanzlinde vermuten. Auffällig sind die tief angesetzten, weit ausladenden und stark gedrehten Äste, die von einem leicht beuligen Erdstamm ausgehen.
Standort: Neben der Kirche.

110 Die Linde in Wiesenbach

Baumart: Linde
Alter: über 800 Jahre
Höhe: 13 m
Umfang: 980 cm
Krone: 14 m

Besonderheiten: Uralte Winterlinde, die vermutlich als Hoflinde zu einem im Dreißigjährigen Krieg aufgegebenen Hof gehörte. Der Baum ist bereits in den Hohenloher Lehensbüchern von 1350 erwähnt. Durch einen Blitzschlag wurde der Stamm gespalten, und so stehen sich heute zwei Teile eines Stammfragmentes in skulpturartiger Ausformung wie zwei Kämpfer aus der Fabelwelt gegenüber.

Standort: Im Ort, an der Straße nach Schmalfelden.

111 Eichen im Wildpark Ludwigsruhe bei Langenburg

Baumart: Eiche
Alter: 400-500 Jahre
Höhe: 26 m
Umfang: 700 cm
Krone: 15 m

Besonderheiten: Der durchgehende, walzenförmige Schaft trägt viele

baumstarke, winkelig gebogene und geschwungene Äste. In der Nähe stehen weitere elf gleichaltrige Eichen mit teilweise bizarren Ausformungen. Im Park wachsen weitere alte Eichen, Ulmen, Kirschen, Linden, Ahorne und Roßkastanien. Der Tierpark am alten Hof Lindenbronn wurde bereits 1588 erwähnt. Das Schloß Lindenbronn wurde von 1736 bis 1743 erbaut und 1761 in Ludwigsruhe umbenannt.
Standort: Die hier beschriebene Eiche steht in der Nordecke des 30 ha großen Parks beim Schloß Ludwigsruhe, etwa 2 km östlich der Stadt Langenburg.

112 Die Friedhofseiche in Eltershofen.

Baumart: Eiche
Alter: 500-600 Jahre
Höhe: 19 m
Umfang: 710 cm
Krone: 27 m
Besonderheiten: Gewaltige, eindrucksvolle Stieleiche mit prächtigen, tief angesetzten, ausladenden und geschwungenen Ästen. Tiefris-

sige Rinde. Sehenswert: Schloß der Grafen Westerholt.
Standort: Am Friedhof

113 Breiteiche bei Gottwollshausen

Baumart: Eiche
Alter: 400-500 Jahre
Höhe: 21 m
Umfang: 680 cm
Krone: 30 m
Besonderheiten: Mächtige Stieleiche, deren wuchtiger Stamm nach wenigen Metern in eine Vielzahl starker, häufig geschwungener Äste übergeht, die eine außergewöhnlich weitreichende Kugelkrone bilden, unter der noch zu Beginn dieses Jahrhunderts Vereine ihre Feste feierten.
Standort: Im Feld, nahe am Wald.

114 Gerichtslinde in Waldtann

Baumart: Linde
Alter: 400 Jahre
Höhe: 20 m
Umfang: 435 cm
Krone: 16 m
Besonderheiten: Unauffällige, zweistämmige Winterlinde mit buschig zerzauster Krone. Einer der beiden Stämme neigt sich über den Dorfbach. Ein Holzschild trägt die Aufschrift: „Gerichts- und Ratslinde aus dem 16.Jahrhundert."
Standort: An der Ortsdurchfahrt, etwa 100 m vor der Kirche in Richtung Bergbronn.

115 Mammutbaum in Ochsenbach

Baumart: Sequoie
Alter: 128 Jahre
Höhe: 32 m
Umfang: 780 cm
Krone: 15 m
Besonderheiten: Auf Initiative König Wilhelms I. von Württemberg im Jahre 1866 gepflanzt. Der untere Stammbereich des tiefbeasteten Baumes ist extrem abholzig.
Standort: Auf dem Friedhof.

116 Linde bei Winzerhausen

Baumart: Linde
Alter: 250 Jahre
Höhe: 16 m
Umfang: 505 cm
Krone: 21 m
Besonderheiten: Der kleine, schlanke, leicht beulige, zerfurchte Stamm der Winterlinde spaltet sich in etwa 3 m Höhe förmlich in eine kandelaberartige Verzweigung auf.
Standort: Etwa 150 m hinter dem Ortsausgang Winzerhausens in Richtung Auenstein, an der Zufahrt zum Wunnenstein.

117 Dorflinde von Roßwag

Baumart: Linde
Alter: 300 Jahre
Höhe: 25 m
Umfang: 470 cm
Krone: 22 m
Besonderheiten: Attraktive Dorflinde, unter der seit 1934 das „Lindenfest“ gefeiert wurde. An der Rückseite der Sommerlinde befindet sich ein Längsriß im Stamm- und Astbereich.
Standort: Etwa 200 m vor dem Orts-

schild Roßwag aus Richtung Illingen kommend

118 Alte Linde bei Enzweihingen

Baumart: Linde
Alter: 400 Jahre
Höhe: 18 m
Umfang: 620 cm
Krone: 15 m

Besonderheiten: Der wulstige und zerfurchte Stamm der Winterlinde birgt eine Vielfalt an Formen, Figuren und Gesichtern. Die mehrstämmige Krone ist teilweise bereits trocken. Alte Kirchlinde. In der Nähe wurde ein Gewölbeschlußstein mit dem „Agnus Dei" gefunden.

Standort: Etwa 70 m links der alten Verbindungsstraße nach Hochdorf, etwa 1 km vor diesem Ort, in einem Schlehengebüsch.

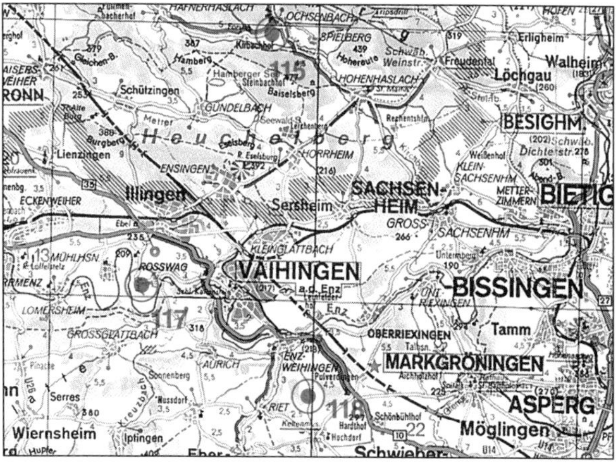

119 Königseiche bei Gausmannsweiler

Baumart: Eiche
Alter: 200 Jahre
Höhe: 25 m
Umfang: 440 cm
Krone: 26 m

Besonderheiten: Beeindruckender Straßenbaum mit riesiger, pilzförmiger Krone über relativ schwachem Erdstamm.

Standort: Etwa 800 m nördlich des Ortes, direkt an der Straße L 1150.

120 Alte Eiche bei Rudersberg

Baumart: Eiche
Alter: 300-400 Jahre
Höhe: 23 m
Umfang: 600 cm
Krone: 25 m
Besonderheiten: Urige Baumpersönlichkeit mit markanter Rindenzeichnung und eindrucksvoller Krone an exponiertem Standort. Auffallend starke Äste am Kronenansatz.
Standort: An der Straße von Rudersberg nach Backnang, oberhalb des Moto-Cross-Geländes.

121 Mammutbäume in Welzheim

Baumart: Sequoie
Alter: 130 Jahre
Höhe: 35 m
Umfang: 625 cm
Krone: 15 m
Besonderheiten: Stärkstes Exemplar in einer Baumgruppe.
Standort: Im Stadtpark.

122 Dorflinde von Mannholz

Baumart: Linde
Alter: 300-400 Jahre
Höhe: 20 m
Umfang: 660 cm
Krone: 18 m
Besonderheiten: Sommerlinde mit kurzem, zerfurchtem Stammsockel und kranzförmig angeordneten, aufstrebenden Ästen. Die Sanierung eines Astausbruchs ist mißlungen.
Standort: Kurz vor dem Ortseingang aus Richtung Buchholz, links neben der Straße, auf freiem Feld.

123 Winterlinde in Breitenfürst

Baumart: Linde
Alter: 250 Jahre
Höhe: 24 m
Umfang: 505 cm
Krone: 23 m
Besonderheiten: Zierlicher Baum mit formenreichem Erdstamm, der bereits die Züge eines Baumveteranen trägt.
Standort: Am Ortsausgang in Richtung Haubersborn, an der Abzweigung „Zeilgasse“.

124 Linden am Haghof bei Pfahlbronn

Baumart: Linde
Alter: 300-350 Jahre
Höhe: 25 m
Umfang: 640 cm
Krone: 18 m
Besonderheiten: Zwei hochgewachsene Winterlinden – eine davon abgängig – stehen unmittelbar zu beiden Seiten des Weges. Vermutlich sollten sie hier die Besitzgrenze markieren. Der Stamm der beschriebenen Linde ist hohl und weist lange Öffnungen auf. Sie ist aber noch vital. Der Haghof liegt etwa 500 m entfernt. Ungefähr 100 m weiter, in Richtung Breitenfürst, verlief einmal der Limes (Markierungsstein).
Standort: An der Straße von Pfahlbronn nach Breitenfürst.

125 Die „Tausendjährige Linde“ in Alfdorf

Baumart: Linde
Alter: 600-800 Jahre
Höhe: 21 m
Umfang: 1145 cm
Krone: 25 m

Besonderheiten: Diese uralte Sommerlinde zählt zu den interessantesten alten Bäumen des Landes. Aus dem urig geformten, vor langer Zeit durch einen Blitzschlag geteilten Erdstamm entspringen lindwurmähnliche, bemooste oder efeuumrankte Äste und dehnen sich – abgestützt – über dem Boden aus. Die Krone besteht aus jüngeren Trieben. Vor etwa 100 Jahren wurde eine Junglinde in dieses eigenartige Gebilde hineingepflanzt.
Standort: Im Garten des „Unteren Schlosses", an der Unteren Schloßstraße.

126 Kaisereiche bei Oberberken

Baumart: Eiche
Alter: 400-500 Jahre
Höhe: 29 m
Umfang: 535 cm
Krone: 22 m
Besonderheiten: Traubeneiche mit schlankem, durchgehendem Stamm und auffallend hoch angesetzter Krone mit waagerecht wachsenden Ästen.
Standort: Am Weg nach Schlichten, d. h. an der alten „Kaiserstraße"der Staufer.

127 Linde in Ellwangen

Baumart: Linde
Alter: 250-300 Jahre
Höhe: 15 m
Umfang: 495 cm
Krone: 19 m

Besonderheiten: Kleine, geschundene Winterlinde mit ausgesprochen knorrigem und hohlem Stamm. Sehenswert: Ehemalige Stiftskirche St.Veit von 1233. Barockgestaltung von 1737-41. Stiftsgebäude mit spätgotischem Kreuzgang. Wallfahrtskirche St.Maria aus den Jahren 1683-1695.

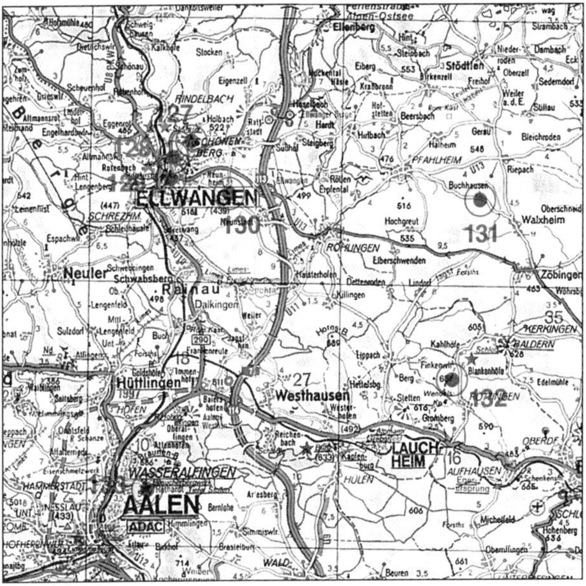

Standort: Etwa gegenüber der Einmündung der Schönenbergstraße (Zufahrt zur Wallfahrtskirche St. Maria) in die Daimlerstraße.

128 Eiche am Schafhoffeld bei Ellwangen

Baumart: Eiche
Alter: 350-400 Jahre
Höhe: 26 m
Umfang: 555 cm
Krone: 17 m
Besonderheiten: Die beuligen Verwachsungen des Erdstammes vermitteln einen urig/knorrigen Eindruck.
Standort: Von Ellwangen kommend, etwa 30 m hinter der Einfahrt auf den Parkplatz „Kreßbachssee", auf der rechten Seite, versteckt am Hang.

129 Eiche auf den Turmwiesen in Ellwangen

Baumart: Eiche
Alter: 350 Jahre
Höhe: 28 m
Umfang: 530 cm
Krone: 25 m
Besonderheiten: Die mächtige Stieleiche thront hoch über der Schloßsteige. Der durchgehende Stamm trägt eine aufgelockerte Krone mit teilweise auffallend langen Ästen.
Standort: Etwa 60 m hinter der Gabelung Schloßsteige/Sebastiansgraben neben dem Wegweiser „Schloß und Schönenberg" ca. 40 m dem kleinen Fußweg folgen und dann, sich links haltend, bis zum Hang oberhalb der Schloßsteige gehen.

130 Feldeiche bei Neunheim

Baumart: Eiche
Alter: 350 Jahre
Höhe: 22 m
Umfang: 595 cm
Krone: 21 m
Besonderheiten: Tief beastete und dicht bekronte Stieleiche mit abwechslungsreichem Kronenbild, markante Baumgestalt in ausgeräumter Landschaft.
Standort: Von Neunheim der Verlängerung des Baindtweges über die Autobahn folgen und am ersten Feldweg nach rechts abbiegen. 150 m weiter steht die Eiche.

131 Feldeiche bei Buchhausen

Baumart: Eiche
Alter: 250-300 Jahre
Höhe: 21 m
Umfang: 545 cm
Krone: 17 m
Besonderheiten: Knorriger Tiefzwiesel mit beuligem Erdstamm und tiefreichender Krone.
Standort: Etwa 20 m rechts der Straße von Pfahlheim nach Walxheim und 1 km vor Buchhausen, am Ostrand des Waldstücks.

132 Die „Stalleiche“ bei Röttingen

Baumart: Eiche
Alter: 300 Jahre
Höhe: 18 m
Umfang: 455 cm
Krone: 19 m
Besonderheiten: Kleine, knorrige Stieleiche mit Stammhöhlen, tiefreichender Krone mit gedrehten Ästen und reichlich Totholz, vermutlich an der Stelle eines früheren Hofes.

Standort: Oberhalb der Straße von Baldern nach Röttingen, nach 1 km auf der rechten Seite.

133 Die „Gruben-eiche“ bei Röthardt

Baumart: Eiche
Alter: 400-500 Jahre
Höhe: 24 m
Umfang: 510 cm
Krone: 10 m
Besonderheiten: Stammfragment einer Traubeneiche mit einigen Aststümpfen und Astnarben und kleiner, zweizipfeliger Restkrone. Seit 1671 wird im Gebiet um Wasseralfingen Bergbau betrieben.
Standort: Dem Weg von Wasseralfingen nach Röthardt bis zum Gasthaus „Erzgrube“ folgen. 50 m vor dem Gasthaus steht die Eiche direkt am Weg.

134 Feldeiche bei Iggingen

Baumart: Eiche
Alter: 300 Jahre
Höhe: 26 m
Umfang: 520 cm
Krone: 22 m

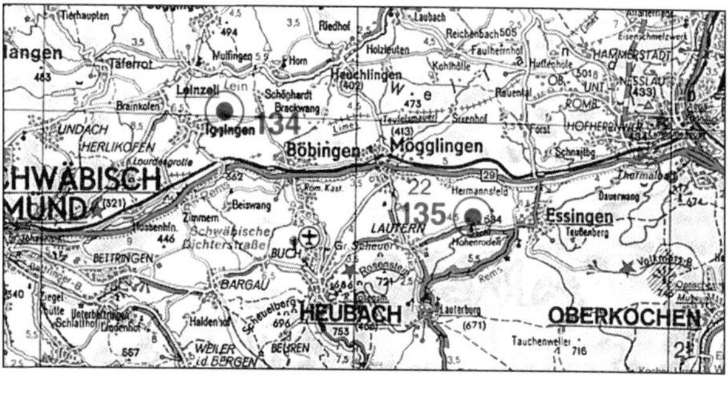

Besonderheiten: Durchgehender Stamm mit hoch angesetzter Krone. Blitzschäden. Eine zweite Eiche steht 100 m weiter in Richtung Iggingen.
Standort: Einige hundert Meter hinter dem Ortsausgang von Iggingen, etwa 100 m rechts der Straße nach Schönhardt.

135 Linde bei Hohenroden

Baumart: Linde
Alter: über 500 Jahre
Höhe: 36 m
Umfang: 900 cm
Krone: 29 m
Besonderheiten: Sommerlinde mit gewaltigen Dimensionen. Auf dem zerfurchten Stammsockel wachsen baumstarke Stämme himmelwärts.
Standort: Rechts der Straße von Lautern nach Essingen, kurz vor dem Anstieg zum Gut Hohenroden, neben dem Fischteich.

136 Linde bei Tannweiler

Baumart: Linde
Alter: 280 Jahre
Höhe: 21 m
Umfang: 410 cm
Krone: 18 m
Besonderheiten: Harmonisches Gesamtbild von Baum, Kapelle und umgebender Landschaft. Der Stamm ist hohl und offen. Die Kapelle soll – dem heiligen Leonhard geweiht – um 1717 von einem Bauern aus Tannweiler gestiftet und die Linde gepflanzt worden sein.
Standort: Am Weg von Tannweiler nach Lauterstein, an der „Reiterleskapelle“.

137 Esche an der Solitude in Stuttgart

Baumart: Esche
Alter: 200 Jahre
Höhe: 24 m
Umfang: 600 cm
Krone: 33 m

Besonderheiten: Bereits in geringer Höhe teilt sich der mit auffallend starken Wurzelanläufen versehene Erdstamm in eine vielastige, besonders weit ausladende Krone. Das im Jahre 1768 im Auftrag Herzog Carl Eugens erbaute Schloß Solitude stellt eine eindrucksvolle Kulisse dar.

Standort: In der Grünanlage vor der Solitude.

138 „König-Wilhelm-Eiche“ im Rot- und Schwarzwildpark Hohengehren bei Stuttgart

Baumart: Eiche
Alter: 300-400 Jahre
Höhe: 32 m
Umfang: 420 cm
Krone: 20 m

Besonderheiten: Ein schlanker, mit Aststümpfen und Beulen versehener Stamm und eine hochangesetzte Krone prägen das Bild dieser Eiche. Herzog Eberhard Ludwig von Württemberg (1677-1733) legte vermutlich die ersten Wildgehege in diesem Gelände an. Herzog Carl Eugen baute ab 1760 den Wildpark aus, in dem in der Folgezeit die berüchtigten „Festinjagen“ stattfanden. Ein besonders spektakuläres höfisches Ereignis war das Festinjagen am Bärensee am 2.September 1782. Es wurden Tausende von Tieren an die Jagdgäste herangetrieben und von diesen abgeschlachtet. Die letzte Er-

weiterung auf 320 ha erfuhr der Tiergarten im Jahre 1815 durch König Friedrich I. Nach dem Ende der Monarchie war die Stadt Stuttgart außerstande, den Wildpark, dessen Baumbestand durch die immensen Verbißschäden infolge des hohen Wildbestandes weitgehend zerstört war, zu unterhalten und schloß ihn. Er wurde danach für die Bevölkerung freigegeben und, zum Zwecke des Erhalts, im Jahre 1938 zum Naturschutzgebiet erklärt.
Standort: Am Rötelberg, nördlich der Wildparkstraße, etwa 1,5 km südöstlich des Solitude-Schlosses.

139 Die „Kropfeiche“ im Wildpark bei Stuttgart

Baumart: Eiche
Alter: 400-500 Jahre
Höhe: 23 m
Umfang: 470 cm
Krone: 9 m

Besonderheiten: Den Namen dieser Traubeneiche gab eine große Wucherung am Stammfuß, die eine Stammöffnung umrahmt. Gravierende Astausbrüche und eine kleine Restkrone kennzeichnen den Zustand des abgängigen Baumes.
Standort: Etwa 150 m nördlich der Wildparkstraße, ungefähr in der Mitte zwischen Abfahrt zur Solitude und Vaihinger Straße.

140 Blitzeiche an der Glemswiese im Wildpark bei Stuttgart

Baumart: Eiche
Alter: 350-400 Jahre
Höhe: 31 m
Umfang: 640 cm
Krone: 13 m
Besonderheiten: Urige Baumsäule mit Blitznarben, Beulen und markanter Rinde. Kleine, zweistämmige Krone.
Standort: Etwa 70 m westlich des „Chinesischen Teehauses“ am Glemssträßle zweigt nach Norden der „Husarenweg“, dem etwa 200 m zu folgen ist, ab.

141 „Wezeleiche“ im Wildpark bei Stuttgart

Baumart: Eiche
Alter: 300-350 Jahre
Höhe: 27 m
Umfang: 510 cm
Krone: 23 m
Besonderheiten: Knorriger Tiefzwiesel mit zahlreichen großen und kleinen Wucherungen im Stamm- und Kronenbereich. Stieleiche.
Standort: Am Glemsweiherweg, etwa 300 m nördöstlich des Bärenschlößles.

142 Adlereiche im Wildpark bei Stuttgart

Baumart: Eiche
Alter: 300-400 Jahre
Höhe: 31 m
Umfang: 645 cm
Krone: 27 m

Besonderheiten: Eine der stärksten Eichen des Rotwildparks. Stieleiche mit mächtigem, säulenförmigem Erdstamm, der mit Beulen und Aststümpfen ausgestattet ist. Lockere, aber vitale Krone. Bis vor wenigen Jahrzehnten nisteten hier noch Fischadler.

Standort: Am Nordufer des Pfaffensees, am Ende der Ausbuchtung.

143 „Lanzeiche" im Wildpark bei Stuttgart

Baumart: Eiche
Alter: 350-450 Jahre
Höhe: 31 m
Umfang: 665 cm
Krone: 18 m

Besonderheiten: Der urige Erdstamm der Stieleiche weist Beulen, knorrige Aststümpfe und ausgeprägte Rindenstrukturen auf. Der Stamm teilt sich in 9 m Höhe in zwei baumstarke Achsen auf, von denen eine abgebrochen ist. Die Krone macht daher einen aufgelockerten Eindruck und ist teilweise trocken. Etwa 50 m ostwärts steht die „Pfaffeneiche" (H = 31 m, U = 570 cm, Kr = 19 m).

Standort: Etwa 80 m östlich der Brücke, die den Neuen See und den Pfaffensee trennt, am Südufer des Pfaffensees.

144 Die große Platane im Exotengarten von Hohenheim

Baumart: Platane
Alter: 215 Jahre
Höhe: 34 m
Umfang: 715 cm
Krone: 32 m

Besonderheiten: Starker Gabelbaum mit gewaltiger Krone. Herzog Carl Eugen hatte gegen Ende des 18. Jahrhunderts auf 16 ha Fläche einen Märchenpark anlegen lassen, der in seiner Art ein Vorgänger des heutigen Disneylands war.

Dem König Wilhelm war diese Anlage zu kostspielig. Er gründete das Landwirtschaftliche Institut und wandelte den Park in eine „exotische Baumschule" um.

Standort: Neben dem sogenannten „Spielhaus" im Exotischen Garten.

145 Linde und Lindenallee bei Magstadt

Baumart: Linde
Alter: 200 Jahre
Höhe: 19 m
Umfang: 370 cm
Krone: 19 m
Besonderheiten: Die kleine Linde mit ihrem kurzen, wulstig- beuligen Stamm und der kugeligen Krone mit strahlenförmigen Ästen lenkt die Aufmerksamkeit auf die Allee mit

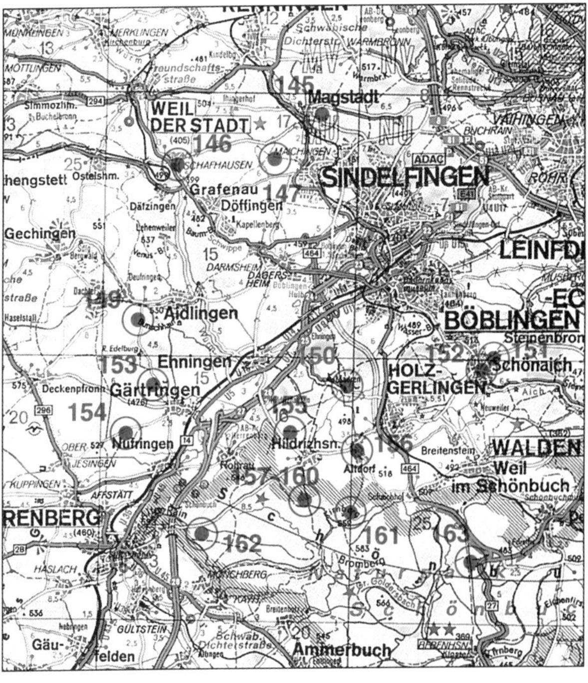

über 80 Linden, von denen einige etwas stärker sind. Am Ende der Allee steht eine markante Eiche.
Standort: 50 m hinter dem östlichen Ortseingangsschild, an der Auffahrt zum Sportplatz.

146 Die drei Linden am Schafberg in Schafhausen

Baumart: Linde
Alter: 300-350 Jahre
Höhe: 20 m
Umfang: 330,355, 375 cm
Krone: i. M 22 m
Besonderheiten: Bei geringen Dimensionen fallen die Einzelbäume durch gedrehte Stammstrukturen und tiefreichende Kronen auf. Die Baumgruppe als Ganzes vermittelt das Gefühl großer Harmonie und Einheit. Die Linden sollen nach dem Dreißigjährigen Krieg als Friedensbäume gepflanzt worden sein.
Standort: In einer Grünanlage am Ende der Lichtensteinstraße.

147 Die Linde am Hohen Rain bei Maichingen

Baumart: Linde
Alter: 250-300 Jahre
Höhe: 23 m
Umfang: 500 cm
Krone: 23 m
Besonderheiten: Landschaftsprägender Baum in der offenen Feldmark mit kurzem, wuchtigem Stamm und einer harmonisch aufgebauten, vollen Krone.
Standort: Vom Maichinger Ortsrand der Verlängerung der Weilderstädter Straße weitere 900 m in die Feldmark folgen.

148 Die „Sieben Tannen“ bei Deckenpfronn

Baumart: Fichte
Alter: 90-110 Jahre
Höhe: 31 m
Umfang: zus.630 cm
Krone: zusammen 19 m
Besonderheiten: Die einzelnen Fichten einer Bündelpflanzung sind am Stammfuß zusammengewachsen und bilden so eine Einheit. Die tief herabreichende Gesamtkrone mit z.T. starken Ästen vermittelt einen harmonischen Eindruck.
Standort: Rechts neben der Straße von Deckenpfronn nach Stammheim, unmittelbar vor der Abzweigung nach Gechingen.

149 Linde bei Dachtel

Baumart: Linde
Alter: 350-400 Jahre
Höhe: 23 m
Umfang: 585 cm
Krone: 21 m
Besonderheiten: Der zerfurchte, mächtige Erdstamm löst sich in geringer Höhe in starke Stämme auf, die dem Baum einen kandelaberähnlichen Habitus verleihen.
Standort: Rechts neben der Straße von Deckenpfronn nach Dachtel, etwa auf halber Strecke, auf der „Höhnle“ genannten Anhöhe.

150 Eiche bei Mauren

Baumart: Eiche
Alter: 350 Jahre
Höhe: 25 m
Umfang: 585 cm
Krone: 16 m
Besonderheiten: Von der einst großen Krone der Stieleiche sind nur

noch einige starke, vielformige Aststümpfe und eine klägliche, schüttere Restkrone übriggeblieben. Bestandteil des ehemaligen Schloßgartens. In der Nähe steht eine starke, etwa gleichalte Linde mit geschwungenen Ästen und einer vollen, vitalen Krone.
Standort: Kurz hinter dem westlichen Ortsschild nach Süden in einen Feldweg einbiegen und diesem etwa 150 m folgen.

151 Das „Eichele" in Schönaich

Baumart: Eiche
Alter: 350 Jahre
Höhe: 23 m
Umfang: 560 cm
Krone: 23 m
Besonderheiten: Stattliche, ortsprägende Stieleiche mit am starken Erdstamm in mittlerer Höhe angesetzter, vielastiger, voller, halbkugelförmiger Krone.
Standort: Ortsmitte, Ecke Böblinger Straße / Wettgasse.

152 Alte Linde bei Schönaich

Baumart: Linde
Alter: 400-500 Jahre
Höhe: 20 m
Umfang: 605 cm
Krone: 24 m
Besonderheiten: Aus dem mächtigen, zerfurchten, wulstigen Erdstamm winden sich schlangenförmige Äste über den Erdboden. Eine eindrucksvolle Winterlinde.
Standort: Schräg gegenüber dem Haus „Steinenbronner Straße Nr.10".

153 „Alte Linde“ bei Gärtringen

Baumart: Linde
Alter: 300-350 Jahre
Höhe: 13 m
Umfang: 465 cm
Krone: 13 m
Besonderheiten: Kleine, kompakte Winterlinde mit kurzem, etwas schräg stehendem Erdstamm, der sich in mehrere starke, steil aufstrebende Achsen aufspaltet und eine kleine, runde Krone trägt. 150 m weiter in Richtung Gärtringen steht eine Friedenslinde aus dem Jahre 1871.
Standort: Etwa 350 m hinter dem Ortsausgang von Gärtringen in Richtung Aidlingen.

154 „Alte Buche“ bei Gärtringen

Baumart: Buche
Alter: 250 Jahre
Höhe: 26 m
Umfang: 430 cm
Krone: 22 m
Besonderheiten: Astausbrüche und bis zum Erdboden herabreichende Äste markieren einen geschundenen Erdstamm, über dem sich eine mächtige Krone wölbt.
Standort: Von der Straße Gärtringen – Deckenpfronn zweigt einige hundert Meter hinter dem Ortsende Gärtringens ein Weg nach links ab. Diesem ca.200 m folgen, dann rechts abbiegen bis zum Waldrand. Die Buche steht links des Weges am Bestandsrand.

155 Die „Obere Linde“ bei Hildrizhausen

Baumart: Linde
Alter: 400-500 Jahre
Höhe: 17 m
Umfang: 675 cm
Krone: 21 m
Besonderheiten: Von weitem wirkt der Baum unscheinbar. Erst in der Nähe erkennt man einen mit allerlei Wucherungen behafteten, urwüchsigen, kurzen Erdstamm, der sich in zahlreiche bizarr geformte Starkäste einer relativ flachen, aber ausladenden Krone auflöst.
Standort: Der Talstraße in Hildrizhausen etwa 1 km in nördlicher Richtung folgen. Die Linde steht an einer Wegekreuzung in der Feldmark.

156 Vierstämmige Esche in Altdorf

Baumart: Esche
Alter: 120 Jahre
Höhe: 26 m
Umfang: zus.595 cm
Krone: 23 m
Besonderheiten: Vier Eschen sind an der Basis zusammengewachsen und bilden mit einer gemeinsamen Krone ein harmonisches Gesamtbild.
Standort: An der Ortsdurchfahrt, vor dem Eingang zum Friedhof.

157 „Dicke Eiche“ im Schönbuch bei Hildrizhausen

Baumart: Eiche
Alter: 400 Jahre
Höhe: 32 m
Umfang: 610 cm
Krone: 21 m
Besonderheiten: Stieleiche mit starkem, bemoostem Stamm und hoher Krone. Zahlreiche Blitznarben. In

der oberen Krone hat sich eine kleine Fichte angesiedelt.
Standort: Vom Wanderparkplatz „Am Kohltor“, südlich Hildrizhausen, dem Hauptweg nach Süden bis kurz vor dem „Kohlweiher“ folgen, dort nach rechts in die „Sitzwiesenallee“ einbiegen, gegenüber der Hütte, nach etwa 300 m, auf der rechten Seite nach links auf einen kleinen Waldweg wechseln und diesem etwa 80 m folgen.

158 „Hubertus-Eiche“ bei Hildrizhausen

Baumart: Eiche
Alter: 300 Jahre
Höhe: 32 m
Umfang: 460 cm
Krone: 26 m
Besonderheiten: Stieleiche mit säulenförmigem Stamm und großer Krone. Hinweistafel: „Im Herzen der früheren Königlich-Württembergischen Hofjagd steht diese mächtige Eiche. Sie ist St. Hubertus gewidmet.“
Standort: Vom Waldparkplatz „Kohltor“, südlich Hildrizhausen, dem Hauptweg zum Weiher folgen und unmittelbar hinter dem Weiher nach rechts in einen Weg einbiegen. Nach etwa 150 m stößt man auf die Eiche.

159 Die „Hirschteicheiche“ bei Hildrizhausen

Baumart: Eiche
Alter: 250-300 Jahre
Höhe: 31 m
Umfang: 485 cm
Krone: 22 m
Besonderheiten: Stieleiche mit wal-

zenförmigem Stamm und hoher, aufgelockerter Trichterkrone.
Standort: Vom Waldparkplatz „Kohltor", südlich Hildrizhausen, dem Hauptweg nach Süden folgen. Die Eiche steht etwa 500 m südlich des Kohlweihers links des Weges.

160 „Förstereiche" bei Hildrizhausen

Baumart: Eiche
Alter: 300-400 Jahre
Höhe: 33 m
Umfang: 450 cm
Krone: 26 m
Besonderheiten: Traubeneiche mit tief herabreichender, mächtiger Krone und einem walzenförmigen Stamm, der sich erst in etwa 10 m Höhe teilt. Neben der Eiche steht der „Försterstein", in den die Namen aller Forstamtsleiter seit 1800 eingemeißelt sind.
Standort: Vom Wanderparkplatz „Kohltor", südlich Hildrizhausen, dem Hauptweg nach Süden folgen und etwa 1 km hinter dem Weiher nach rechts in einen Weg abbiegen, an dem nach ca. 100 m die Eiche steht.

161 Gabeleiche im Schönbuch

Baumart: Eiche
Alter: 300-400 Jahre
Höhe: 27 m
Umfang: 445 cm
Krone: 21 m
Besonderheiten: Der Erdstamm der Traubeneiche gabelt sich in etwa 4 m Höhe in zwei baumstarke, bogenförmig aufsteigende Einzelstämme, wodurch der Baum ein lyraförmiges Aussehen erhält.

Standort: Vom südlichen Ortsende Alfdorf etwa 5 km nach Süden in den Schönbuch hinein bis zum Schaichhofsträßchen, dann 250 m nach Westen bis zum „Eselstritt“.

162 „Vierundzwanzig“ Buchen im Schönbuch bei Herrenberg

Baumart: Buche
Alter: 180 Jahre
Höhe: 28 m
Umfang: 640 cm
Krone: 25 m
Besonderheiten: Stockausschlag mit ehemals 24, jetzt 17 Stämmen, wirkt wie ein gigantischer Waldstrauß. Die „13-Buchen“ stehen 900 m westlich von hier am selben Weg in Richtung Herrenhausen und die „12 Buchen“ 1600 m östlich in Richtung Bebenhausen.
Standort: Südöstlich von Herrenberg, am „Bebenhausener“- bzw. “24-Buchen-Weg“, etwa 420 m östlich des Übergangs über die A 81.

163 „Dicke Eiche“ bei Weil im Schönbuch

Baumart: Eiche
Alter: 300-350 Jahre
Höhe: 32 m
Umfang: 580 cm
Krone: 24 m
Besonderheiten: Der mächtige Erdstamm der Stieleiche trägt eine lockere Trichterkrone, die bereits Auflösungserscheinungen zeigt.
Weitere alte Bäume im Schönbuch: Siehe Zehn Baumgeschichten.
Standort: Etwa 50 links neben der Einmündung der aus Walddorfhäslach kommenden Straße auf die B 27, etwas versteckt am Waldrand.

164 „Königseiche" bei Hohengehren

Baumart: Eiche
Alter: 300-400 Jahre
Höhe: 30 m
Umfang: 660 cm
Krone: 25 m
Besonderheiten: Eindrucksvolle Baumsäule mit gewaltigen Astausbrüchen. Folgt man dem Waldweg vom Waldparkplatz aus etwa 800 m, kommt man zum „Schlößlesplatz", an dem bis 1839 das Jagdschloß des Wildparks Hohengehren stand. Dort steht ein eindrucksvoller Mammutbaum.
Standort: 300 m hinter Baltmannweiler liegt an der Straße nach Baach, auf der linken Seite, ein Waldparkplatz. Von dort dem Waldweg etwa 150 m, dann einem kleinen Weg nach rechts weitere 150 m und nochmals 50 m dem Weg nach rechts folgen. Die Eiche steht links des Weges im Bestand.

165 Friedenseiche bei Baltmannsweiler

Baumart: Eiche
Alter: 350 Jahre
Höhe: 30 m
Umfang: 550 cm
Krone: 23 m
Besonderheiten: Der schrägstehende Erdstamm und die senkrecht emporstrebenden, baumstarken Starkäste der hohen Krone kennzeichnen den ungewöhnlichen Habitus der Traubeneiche. Ein Blitzschaden verläuft über die gesamte Länge. Friedenseiche von 1648.
Standort: An der Straße von Esslingen nach Hohengehren befindet

sich ca. 3 km vor Baltmannsweiler, bzw. 300 m vor der Abzweigung „Plochinger Erddeponie“ auf der rechten Seite eine Parkbucht. Von dort dem mittleren Weg ca. 1,3 km folgen. Die Eiche steht versteckt etwa 50 m rechts des Weges.

166 „Bühleiche“ in Stumpenhof

Baumart: Eiche
Alter: 400 Jahre
Höhe: 24 m
Umfang: 540 cm
Krone: 22 m
Besonderheiten: Mächtige Traubeneiche , deren kurzer Erstamm sich in eine Vielzahl knorriger und teilweise weit ausladender Äste auflöst, die ein abwechslungsreiches Kronenbild formen. „Bühl“ bedeutet Hang, Hügel.
Standort: Der Ostdeutschen Straße über die Ecke Thüringer Straße hinaus weitere 80 m folgen.

167 Linde in Wolfschlugen

Baumart: Linde
Alter: 250 Jahre
Höhe: 21 m
Umfang: 460 cm
Krone: 23 m
Besonderheiten: Die Winterlinde weist zwar keine überragenden Dimensionen auf, bildet aber am Ortseingang einen schönen Blickfang. Der zerfurchte Stamm gabelt sich mehrfach und trägt eine dichte, kugelige Krone.
Standort: Am nördlichen Ortseingang.

168 Linde bei Harthausen

Baumart. Linde
Alter: 300 Jahre
Höhe: 23 m
Umfang: 430 cm
Krone: 28 m

Besonderheiten: Die Winterlinde überragt einen freien Raum inmitten des Feldgehölzes mit einer weitreichenden, in etwa 4 m Höhe angesetzten Krone.

Standort: Der Fortsetzung der Esslinger Straße bis zu einem Feldgehölz in der Feldmark folgen.

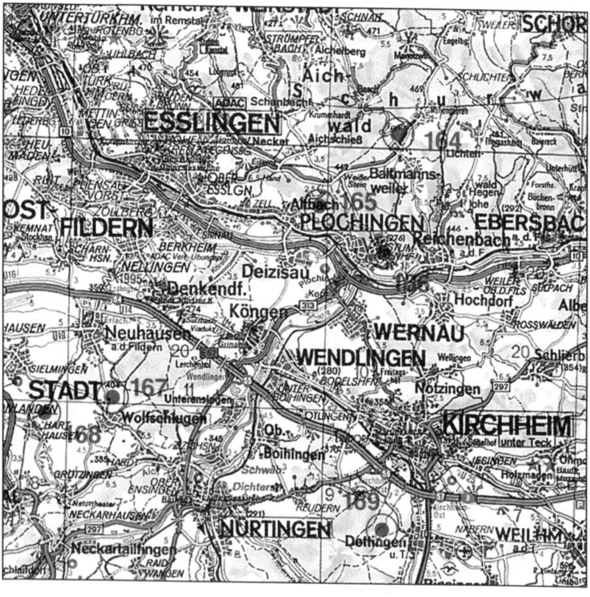

169 „Schindereiche“ oder „Lindacheiche“ bei Dettingen u.T.

Baumart: Eiche
Alter: 450 Jahre
Höhe: 32 m
Umfang: 565 cm
Krone: 20 m

Besonderheiten: Die gewaltige Stammsäule der Stieleiche ist gespickt mit vielerlei Astwerk und Totholz. 50 m entfernt liegen die Grundmauern einer früheren Abdeckerei. Die Lindach ist ein kleiner Bach in der Nähe.

Standort: In Dettingen dem Mühlbach folgen, die Brücke überqueren, nach rechts halten, nach etwa 350 m an der Wegegabel rechts abbiegen und diesem Weg etwa 800 m folgen. Die Eiche steht etwas versteckt in der Ecke des Bestandes, etwa 7 m links des Weges.

170 Alte Hoflinde in Ottenbach

Baumart: Linde
Alter: 350-400 Jahre
Höhe: 19 m
Umfang: 630 cm
Krone: 26 m
Besonderheiten: Winterlinde mit auffällig zerfurchtem, sockelförmigem Stamm, der in geringer Höhe zwieselt, und einer weit ausladenden Krone, deren Äste förmlich über den Boden streichen. Der Neuhof, zu dem die Linde gehörte, stand einst auf der anderen Straßenseite.
Standort: Auf einer Grünfläche am Ortsausgang in Richtung Eislingen.

171 Linde am Lindenhof bei Ohmden

Baumart: Linde
Alter: 300 Jahre
Höhe: 27 m
Umfang: 560 cm
Krone: 26 m
Besonderheiten: Herrlicher Solitär mit riesiger, vielastiger Krone und harmonischem Gesamtaufbau.
Standort: Am Ortsausgang, links neben der Straße nach Schlierbach.

172 Alte Eiche am Pavillon bei Bad Boll

Baumart: Eiche
Alter: 450 Jahre
Höhe: 26 m
Umfang: 565 cm
Krone: 24 m
Besonderheiten: Unregelmäßig aufgebaute, aber harmonische Krone mit baumstarken, leicht geschwungenen Stämmen am Kronenansatz und stark gedrehten Ästen an der Peripherie. Traubeneiche mit schönen Rindenstrukturen. Weitere Ei-

chen stehen am Schützenhaus.
Standort: An der Straße von Boll nach Bad Boll zweigt etwa auf halber Strecke der Pappelweg nach links ab. Er führt zum Schützenhaus und zum Pavillon. Herrliche Aussicht.

173 Silberpappel in Boll

Baumart: Pappel
Alter: 50-60 Jahre
Höhe: 26 m
Umfang: 550 cm
Krone: 21 m
Besonderheiten: Breitkroniger Solitär. Baumstarke Äste bestimmen das Kronenbild.
Standort: Am Ortsausgang in Richtung Gruibingen.

174 Alte Hutebuche bei Drackenstein

Baumart: Buche
Alter: 250 Jahre
Höhe: 24 m
Umfang: 600 cm
Krone: 27 m
Besonderheiten: Prächtiger Baum mit knorriger Krone, zerfurchtem Stamm und „Wurzellandschaften". Zahlreiche Astabbrüche. Eine zweite Weidebuche steht etwas oberhalb der Wiesensteiger Straße, am Ortsrand, an der Zufahrt zum Schützenhaus und Sportplatz (U = 535 cm, H = 18 m, Kr = 25 m).
Standort:Der Wiesensteiger Straße etwa 700 m folgen. Die Buche steht 20 m links des Weges in einem Feldgehölz.

175 Der „Judenbusch“ bei Ochsenberg

Baumart: Buche
Alter: 200-250 Jahre
Höhe: 25 m
Umfang: 595 cm
Krone: 27 m
Besonderheiten: Alte Buche mit gefaltetem, zerfurchtem, flechtenbewachsenem Erdstamm, dessen Äste ausbrechen und dessen Rinde abblättert. Von den ursprünglich elf Bäumen der Gruppe sind nur noch acht vorhanden. Die stärkste ist hier beschrieben. Früher sammelten hier jüdische Viehhändler ihre Tiere ein.
Standort: Etwa 1,5 km nordöstlich des Ortsrandes, am Mühlweg, am Waldrand.

176 Die Anhäuser Linde bei Dettingen

Baumart: Linde
Alter: 400-500 Jahre
Höhe: 23 m
Umfang: 815 cm
Krone: 24 m

Besonderheiten: Über dem mächtigen Erdsockel der Winterlinde streben zahlreiche Stämme nach oben und bilden eine glockenförmige Krone. Blitzschaden von 1976.
Standort: Etwa 1 km nordöstlich von Dettingen, an der Straße nach Anhausen.

177 Robinie in Oberstotzingen

Baumart: Robinie
Alter: 200 Jahre
Höhe: 18 m
Umfang: 420 cm
Krone: 19 m
Besonderheiten: Schön gegliederte Krone mit stark gewundenen Ästen. Harmonisch geformter Baum.
Standort: An der Ortsdurchfahrt, in Höhe der Burg.

Regierungsbezirk Freiburg

Ortenaukreis

178 Der „Eichenkönig“ im Korker Wald bei Kehl

Baumart: Eiche
Alter: 300 Jahre
Höhe: 30 m
Umfang: 575 cm
Krone: 22 m

Besonderheiten: Makellose, bis 14 m Höhe astfreie Baumsäule. Der Stammfuß erinnert eher an einen Mammutbaum. Krone mit stark gedrehten, geschwungenen, waagerecht angesetzten Ästen. Stieleiche. Zur Erinnerung an den „Korker Waldbrief“ des Jahres 1476 – die Forstordnung für die Korker Waldgenossenschaft, die bis 1811 bestand.

Standort: In Zierolshofen der Langhurststraße etwa 700 m in den Wald, am Jagdschloß vorbei und weitere

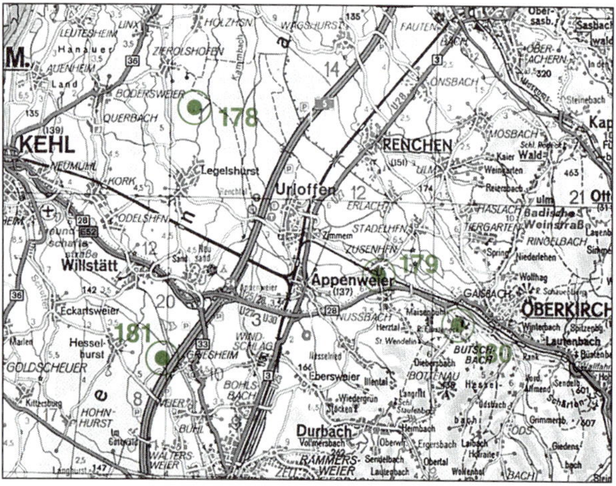

600 m dem Weg folgen, dann 1 km nach links, nochmals nach links über die kleine Brücke, dann 900 m nach rechts. Hinweisschilder beachten!

179 Die Dorflinde in Zusenhofen

Baumart: Linde
Alter: 500-600 Jahre
Höhe: 28 m
Umfang: 525 cm
Krone: 30 m
Besonderheiten: Freistehende Sommerlinde mit herrlicher Baldachinkrone. Sehr beeindruckender Baum, bereits im Dreißigjährigen Krieg als „Große Linde" bezeichnet. Hinweistafel unter dem Baum.
Standort: Am Lindenplatz.

180 Edelkastanie auf Fürsteneck bei Oberkirch

Baumart: Edelkastanie
Alter: 300 Jahre
Höhe: 26 m
Umfang: 630 cm
Krone: 25 m
Besonderheiten: Eine der mächtigsten Eßkastanien des Landes.
Standort: Burg Fürsteneck.

181 Die Gerichtseichen im „Gotteswald" bei Griesheim

Baumart: Eiche
Alter: 400 Jahre
Höhe: bis 29 m
Umfang: bis 495 cm
Krone: bis 23 m
Besonderheiten: Baumgruppe, aus vier Stieleichen bestehend. Herrlicher Gesamteindruck, sehr knorrig und urig wirkende Baumpersönlichkeiten. Hier tagte im ausgehenden Mittelalter zum Zweck der gemeinsamen Waldnutzung das Waldge-

richt der „Gotteshauswaldgenossenschaft“.
Standort: In Griesheim der Herrenhurster Straße folgen, am Sportplatz vorbei über die Kinzig, unter der Autobahn hindurch in den Gemeindewald, wo 200 m hinter dem Waldeingang auf der linken Seite die Eichen stehen.

182 Linde bei Kürzell

Baumart: Linde
Alter: 450 Jahre
Höhe: 22 m
Umfang: 640 cm
Krone: 22 m
Besonderheiten: Der knorrige und hohle Erdstamm ist hinter dichten Wasserreisern verborgen. Die Linde soll der letzte Zeuge des im Dreißigjährigen Krieg wüstgefallenen Dorfes Meroldsweiler sein. Landfahrer lagern gern unter der Linde.
Standort: Unmittelbar neben der B 36, an der ersten Abzweigung nach Kürzell, in einer kleinen Baumgruppe.

183 Lafeite-Buche bei Oberharmersbach

Baumart: Buche
Alter: 300-350 Jahre
Höhe: 33 m
Umfang: 565 cm
Krone: 27 m
Besonderheiten: Imponierender Baum. Die Krone mit moosüberzogenen Ästen öffnet sich als gewaltiger Schirm hoch über dem auffallend drehwüchsigen, beuligen Stamm. Lafeite ist eine Flurbezeichnung.
Standort: Von Oberharmersbach den Weg zum Gorgisenberg, dann 150 m

hinter dem 1. Hof 40 m nach rechts bis zum Wegekreuz, nochmals 40 m nach links bis zum Waldrand und weitere 250 m durch den Wald bis zur Buche gehen.

184 Gerichtslinde in Kirnbach

Baumart: Linde
Alter: 500 Jahre
Höhe: 27 m
Umfang: zus.910 cm
Krone: 17 m
Besonderheiten: Vor über 200 Jahren zerriß ein Blitz diese Sommerlinde. Im oberen Bereich wuchs sie wieder zusammen, während der untere Stammteil bis heute gespalten blieb. Imponierende Erscheinung.
Standort: Auf einer Anhöhe am südwestlichen Ortseingang, an der Michaelskapelle.

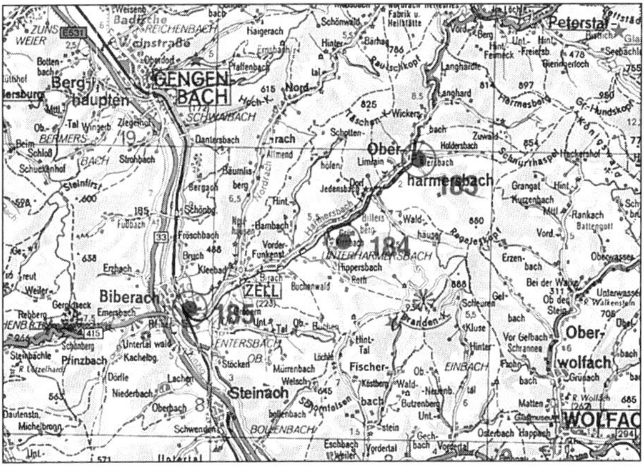

185 Edelkastanie in Biberach

Baumart: Edelkastanie
Alter: 250-300 Jahre
Höhe: 22 m
Umfang: 530 cm
Krone: 23 m

Besonderheiten: Auffallend drehwüchsiger Erdstamm. Aufgelockerte, unregelmäßig/einseitige Krone.

Standort: Am Rand einer Parkanlage, etwa 100 m vom Bahnhof entfernt.

186 Dorflinde in Hochmössingen

Baumart: Linde
Alter: über 500 Jahre
Höhe: 16 m
Umfang: 770 cm
Krone: 16 m
Besonderheiten: Einzigartig urig anmutendes Gebilde, ein bizarr geformtes, hohles und offenes Stammfragment einer Sommerlinde. Agathenkapelle, 1480 gestiftet, im Dreißigjährigen Krieg zerstört, 1697 wieder aufgebaut.
Standort: Neben der Agathenkapelle, am Nordausgang des Dorfes.

187 Feldulme am Hof Wildenstein bei Niedereschach

Baumart: Ulme
Alter: 250 Jahre
Höhe: 22 m
Umfang: 555 cm
Krone: 19 m
Besonderheiten: Intakte, große, harmonisch geformte Krone mit stark geschwungenen Ästen über dem urigen, beuligen Erdstamm.
Standort: Von der Straße Niedereschach – Deißlingen zweigt auf Höhe des Heiligenhofes nach links ein Weg zum Hof Wildenstein ab. Die Ulme steht neben der Hofzufahrt.

188 Eichen am Kölblinshof bei Reichenbach

Baumart: Eiche
Alter: 400 Jahre
Höhe: 28 m
Umfang: 665 cm
Krone: 29 m
Besonderheiten: Urig geformte Stieleiche mit mächtigen Wurzelanläufen (durch Weidevieh freigetreten), Baumhöhlen und Aststümpfen. Große, tiefreichende Krone. Unmittelbar daneben steht eine schwächere, weniger vitale Eiche.
Standort: Von Reichenbach 1 km auf der Schillingerbergstraße, dann 1,7 km nach rechts auf dem Kölblinsbergweg, etwa 50 m hinter dem Hof nach links und 200 m über Wiesenweg bis zu den Eichen.

189 Die „Leheneiche“ bei Oberwinden

Baumart: Eiche
Alter: 250 Jahre
Höhe: 22 m
Umfang: 480 cm
Krone: 21 m
Besonderheiten: Großkroniger Stieleichensolitär, Blickfang in der Landschaft.
Standort: Etwa 1,5 km nordöstlich von Oberwinden, unmittelbar an der Straße „Lehen“.

190 Douglasie im Hofswald bei Emmendingen

Baumart: Douglasie
Alter: 100 Jahre
Höhe: 58,2 m
Umfang: 310 cm
Krone: 10 m
Besonderheiten: Nach bisheriger Erhebung höchster Baum Deutschlands! Vollholziger Schaft, Ansatz

der gut benadelten Krone in 30 m Höhe. Baum Nr. 5. Weitere Douglasien in der Nähe : (3) U = 320 cm, H = 57 m, (2) U = 290 cm, H = 57 m, (6) U = 314 cm, H = 52,5 cm, (10) U = 340 cm, H = 57 m. Vor etwa 100 Jahren wurde die Buchen-Naturverjüngung u.a. mit Douglasien ausgepflanzt. Sehenswert: Kapelle im Tennenbachtal als Überrest eines im 12.Jahrhundert gegründeten Zisterzienserklosters.
Doglasie: Pseudotsuga douglasii/ bzw. menziesii. Im Jahre 1795 von dem Schiffsarzt Archibald Menzies auf Vancouver Island entdeckt. Im

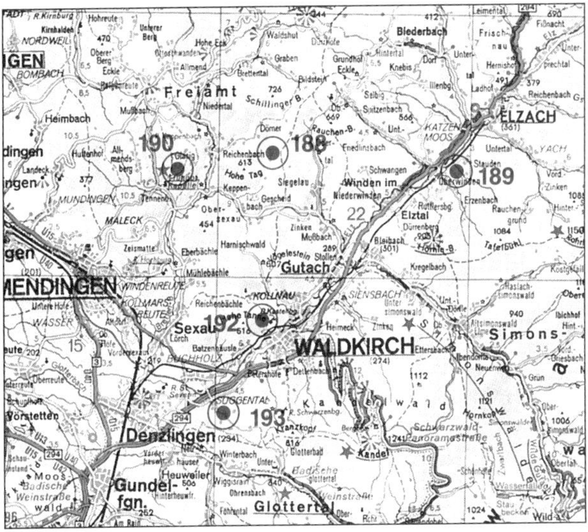

Jahre 1827 brachte der schottische Botaniker David Douglas (1798 – 1834) den ersten Samen nach Europa. Die ältesten in Deutschland noch stehenden Douglasien stammen aus dem „Ursamen", den John R. Booth in seinem Pflanzgarten, den sein Vater James in Flottbeck bei Hamburg gegründet hatte, aussäte. In Jägerhof bei Wolgast in Mecklenburg-Vorpommern steht die letzte der von dem Oberförster Bernuth im Jahre 1841 aus Flottbeck bezogenen Douglasien. Die „Teuffelstanne"bei Kandern wurde im Jahre 1879 von dem Förderer des Douglasienanbaus, Oberförster August Freiherr Teuffel von Birkensee (1840-1910), ebenfalls (4-bis 5-jährig) aus Flottbeck bezogen.
Standort: Staatswald Emmendingen 3/21, ehemaliger Klosterwald. Von Sexau auf der L 110 etwa 3,5 km nordwärts, am Straßenknick geradeaus auf der K 5138 in das Tennenbachtal hinein, hinter der Kapelle rechts ab in Richtung Freiamt-Musbach, dann nach 150 m wieder nach rechts auf den Waldweg einbiegen, am Forsthaus Hirschdobel vorbei etwa 500 m aufwärts, parallel zum Salzgrabenbach.

191 Eiche bei Jechtingen

Baumart: Eiche
Alter: 400 Jahre
Höhe: 21 m
Umfang: 545 cm
Krone: 17 m
Besonderheiten: In etwa 3 m Höhe löst sich der Erdstamm der Stieleiche

in starke Einzelstämme auf und gabelt sich dabei mehrfach. Die trichterförmige Krone wird seitlich bedrängt. Sehenswert: Ehemalige Burg Sponeck, ein spätrömisches Kastell. Standort: An der Sponeckstraße, etwa 1,5 km von Jechtingen entfernt.

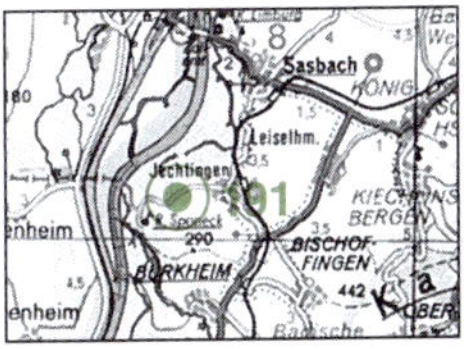

192 Douglasie an der Hohen Tanne bei Waldkirch

Baumart: Douglasie
Alter: 100 Jahre
Höhe: 57,7 m
Umfang: 345 cm
Krone: 18 m
Besonderheiten: Auffallend vollholziger Stamm. Die gut benadelte Krone ist in etwa 30 m Höhe angesetzt. Narbe (vermutlich Seil) am Stammfuß. Mehrere über 50 m hohe Douglasien stehen in der Nähe. Etwa 1901/02 wurde die Buchen/Tannen-Naturverjüngung durch Douglasien ergänzt.
Standort: Vom Krankenhaus etwa 800 m auf dem Fuchslochweg, dann nach links auf den Hohetannenweg abbiegen. Nach 1100 m steht die Douglasie knapp 20 m unterhalb des Weges am Maschinenweg.

193 Kastanie bei Suggental

Baumart: Edelkastanie
Alter: 350 Jahre
Höhe: 19 m
Umfang: 625 cm
Krone: 21 m
Besonderheiten: Mit ihrem mächtigen, hohlen Erdstamm und den beiden gewaltigen Seitenästen wirkt die Kastanie wie ein riesiger, figürlicher Wegweiser. Ein großer Astausbruch

und ein abgestützter Ast weisen auf die Hinfälligkeit des Baumes hin, der aus dem Jahre 1670 stammen soll.
Standort: In Suggental rechts an der Kirche vorbei den Weg zum Vogelsanhof nehmen. Der Rundwanderweg Nr. 5 führt über den Hof. Die Kastanie steht 100 m dahinter, am Waldeingang.

194 Lindengruppe an der Lorettokapelle in Freiburg

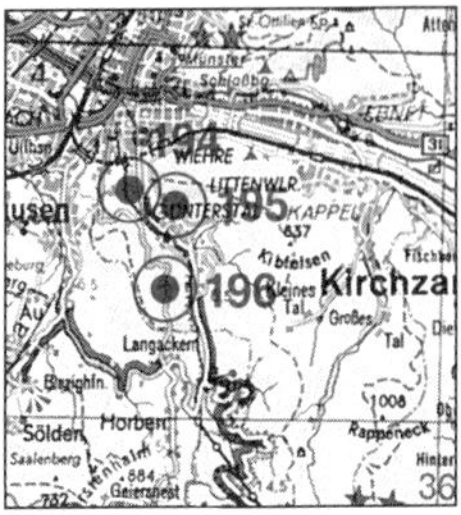

Baumart: Linde
Alter: 340 Jahre
Höhe: 20 m
Umfang: 600 cm
Krone: 20 m
Besonderheiten: Stamm und Äste der Sommerlinde sind völlig hohl. Viele Äste sind auf ganzer Länge offen. Starke, aufstrebende Äste tragen die Krone. Die Lorettokapelle wurde 1657 zum Gedenken an die blutigen Kämpfe um Freiburg im Dreißigjährigen Krieg errichtet.
Standort: Nordöstlich der Lorettokapelle, etwas versteckt. Weitere Linden stehen am Kapellenweg in unmittelbarer Nähe.

195 Eiche vor Günterstal

Baumart: Eiche
Alter: 350-400 Jahre
Höhe: 26 m
Umfang: 635 cm
Krone: 23 m
Besonderheiten: Bizarrer, teilweise freigelegter Stammfuß und hohler Stamm mit vielen Öffnungen. Die schirmförmige Krone der Stieleiche wird von schwachen, gering gedrehten Stämmen gehalten. Große, fast überwallte Astnarben.
Standort: Rechts neben der Straße von Freiburg nach Günterstal, etwa 300 m vor dem Ortsrand.

196 Douglasie bei Günterstal

Baumart: Douglasie
Alter: 85 Jahre
Höhe: 57,5 m
Umfang: 227 cm
Krone: 10 m

Besonderheiten: Die im Bestand eingeengte Krone setzt auf halber Höhe an. Weitere, etwa gleichalte und stärkere Douglasien stehen in der Nähe. Das Stadtforstamt Freiburg verfügt bei einer Gesamtfläche von 5150 ha über 680 ha Douglasien von anerkannter Qualität, die überwiegend in stamm- bis horstweiser Mischung in wüchsigen Buchenbeständen stehen und dort problemlos natürlich zu verjüngen sind.

Standort: Am südlichen Ortsausgang von Günterstal vor der „Kyburg" (früher Südwestfunkgebäude) rechts ab, auf der Waldfahrstraße etwa 700 m bergwärts, dann scharf links ab auf den Illenbergweg bis zur Abzweigung Mühlwaldweg. 50 m weiter kann man den markierten Baum in der Schlucht ausmachen.

197 Wendelineiche in Langenordnach

Baumart: Eiche
Alter: 400-500 Jahre
Höhe: 13 m
Umfang: 510 cm
Krone: 15 m
Besonderheiten: Halbseitig offener Stammtorso mit kleiner, zerzauster, knorriger Krone. Ein Ast ist bizarr gedreht. Früher stand die Wendelinkapelle schräg gegenüber auf der anderen Straßenseite.
Standort: An der Ortsdurchfahrt, etwa 30 m östlich der Straße.

198 Alte Linde in Breitnau

Baumart: Linde
Alter: 500-600 Jahre
Höhe: 18 m
Umfang: 520/610 cm
Krone: 19 m
Besonderheiten: Eindrucksvolle Sommerlinde, deren zwei Haupt-

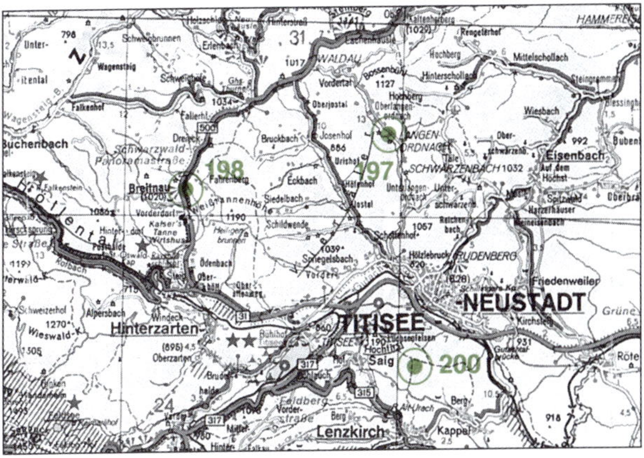

stämme eine gemeinsame Basis haben. Die Stämme sind stellenweise wulstig, aufgerissen, zerklüftet, gefurcht. An einem der Stämme befindet sich in etwa 2,5 m Höhe ein tierkopfähnlicher Maserknollen.
Standort: Neben der Kirche.

199 Windbuchen auf dem Schauinsland bei Freiburg

Baumart: Buche
Alter: 200-300 Jahre
Höhe: bis 20 m
Umfang: bis 300 cm
Krone: bis 15 m
Besonderheiten: Abnorme, windgeprägte Baumformen solitärer Buchen in Höhenlagen um 1200 m.
Standort: Im Schauinsland – Halde – Gebiet.

200 Esche am Hierahof bei Saig

Baumart: Esche
Alter: 300 Jahre
Höhe: 32 m
Umfang: 645 cm
Krone: 28 m
Besonderheiten: Der mächtige, mit „Elefantenfüßen" ausgestattete Stamm löst sich in zahlreiche, steil aufgestellte Achsen auf, die eine riesige Krone bilden.
Standort: Am Hierahof, etwa 2 km östlich Saig.

201 Linde im Münstertal

Baumart: Linde
Alter: 400 Jahre
Höhe: 29 m
Umfang: 625 cm
Krone: 23 m
Besonderheiten: Sommerlinde mit bogenförmig aufstrebenden, baum-

starken Stämmen, die einem mächtigen, zerfurchten Stammsockel entspringen.
Standort: An der Ortsdurchfahrt.

202 Säulenfichte am Schluchsee, im Eschenmoos

Baumart: Fichte
Alter: 200 Jahre
Höhe: 35 m
Umfang: 270 cm
Krone: 6 m
Besonderheiten: Typisches Beispiel einer Hochlagenfichte, deren Form sich den Standortverhältnissen angepaßt hat.
Standort: Vom Äulener Kreuz, an der Straße von Aha nach Menschwand, den Weg zur Rosshütte gehen, etwa 200 m der Verlängerung dieses Weges hangabwärts folgen, dann auf den Eschenmoosweg, sich links haltend, wechseln. Nach etwa 1 km trifft man auf die Fichte.

203 Die Große Tanne am Sirnitzpaß

Baumart: Tanne
Alter: 300 Jahre
Höhe: 53 m
Umfang: 540 cm
Krone: 18 m
Besonderheiten: Wahrscheinlich ein Wegbaum. Bildschöne Tanne, deren mächtiger, walzenförmiger Schaft ab 10 m Höhe starke Äste trägt. (Siehe: Zehn Baumgeschichten.)
Standort: Am Klemmbach, unterhalb der Sirnitzpaßstraße, 5 km östlich Schweighof.

204 Hörnlishoflinde in Königsfeld

Baumart: Linde
Alter: 400 Jahre
Höhe: 27 m
Umfang: 660 cm
Krone: 25 m
Besonderheiten: Sommerlinde. Über einem kurzen, einseitig offenen und hohlen Erdstamm erhebt sich eine von mächtigen Stämmen getragene große Krone.
Standort: Am Lindenweg, etwa 100 m vom Hörnlishof entfernt.

205 Bergahorn vom Grundbauernhof bei Rohrbach

Baumart: Ahorn
Alter: 750-800 Jahre
Höhe: 21 m
Umfang: 700 cm
Krone: 24 m
Besonderheiten: Der mächtige Stamm teilt sich in drei Haupttriebe, die eine starke Krone bilden. Reizvolles Ensemle mit Bauernhof, kleiner Kapelle und Heustadel. ‘Klein’ hob den Ahorn bereits 1908 in seinem Baumbuch als besonders markant hervor. In 5 m Höhe wächst eine Kirsche, in 8 m Höhe eine Vogelbee-

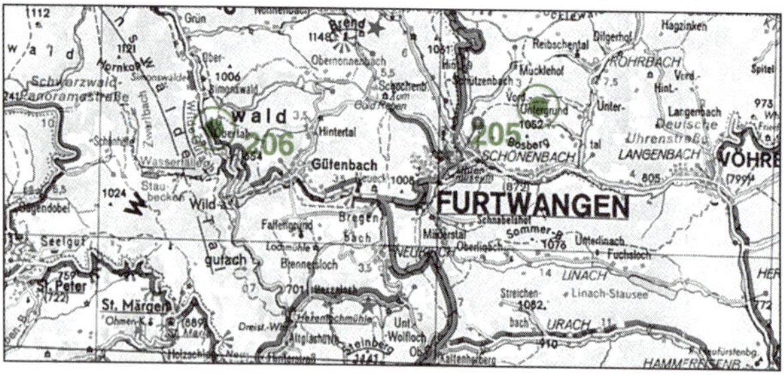

re in den Astachsen.
Standort: Am Grundhof bei Furtwangen-Rohrbach.

206 Der Balzer Herrgott bei Wildgutach

Baumart: Buche
Alter: 200 Jahre
Höhe: 24 m
Umfang: 330 cm
Krone: 18 m
Besonderheiten: Ehemalige Hutebuche, in deren Stamm ein Sandsteinkruzifix eingewachsen ist. (Siehe: Zehn Baumgeschichten).
Standort: 2,5 km von Wildgutach, 5 km von Gütenbach entfernt. Weg vom Hotel „Neu Eck“ an der B 500 gut beschildert.

207 Eiche am Fürstengrab bei Villingen

Baumart: Eiche
Alter: 200-300 Jahre
Höhe: 20 m
Umfang: 485 cm
Krone: 18 m
Besonderheiten: Schöne, vollkronige Eiche als Wächter vor dem keltischen Fürstengrab aus dem Jahre 557 vor Christus. (Siehe: Zehn Baumgeschichten).
Standort: Am Magdalenenbergle.

208 Der „Käppelebaum“ in Überauchen

Baumart: Fichte
Alter: 200 Jahre
Höhe: 24 m
Umfang: 440 cm
Krone: 13 m
Besonderheiten: Typische Kandelaberfichte. Starke Wurzelanläufe. Die Stämme des tiefbekronten Baumes sind mit vielen schwachen und teil-

weise auffallend starken Ästen gespickt. Käppele = Kapelle.
Standort: Am Sportplatz.

209 Die alte Eiche in Tannheim

Baumart: Eiche
Alter: über 500 Jahre
Höhe: 19 m
Umfang: 755 cm
Krone: 18 m
Besonderheiten: Der kurze, sehr massige Erdstamm der Stieleiche mit Beulen, Wucherungen und tiefrissiger Rinde teilt sich in mehrere starke Stämme. Das Attribut „knorrig“ trifft auf diesen Baum besonders zu.
Standort: Gegenüber der Zufahrt zum Freibad von der Durchfahrtstraße.

210 Maxeiche im Fürstlichen Tierpark bei Donaueschingen

Baumart: Eiche
Alter: 300-400 Jahre
Höhe: 19 m
Umfang: 530 cm
Krone: 22 m
Besonderheiten: Alte Stieleiche im Naturschutzgebiet „Unterhölzer Wald“, die Prinz Max zu Fürstenberg gewidmet ist, der diesen Urwald sehr förderte. Im Park stehen weitere alte Stieleichen, Buchen und Fichten.
Standort: Eiche am Hochstand im Park südlich von Unterbaldingen.

211 Der „Buchene Stumpen“ bei Randen

Baumart: Eiche
Alter: über 500 Jahre
Höhe: 14 m
Umfang: 510 cm
Krone: 13 m
Besonderheiten: Stieleiche, deren

hohler, offener Stammtorso eine kleine, strahlenförmige Krone trägt. 1955 auseinandergebrochen. Der Name wurde von einer früher auf der gegenüberliegenden Straßenseite stehenden Buche, von der um 1800 noch ein Stumpf stand, übertragen. Einstiger Grenzbaum zwischen der Herrschaft Tengen und dem eidgenössischen Territorium.
Standort: Hinter der Einmündung der B 27 zweigt in Richtung Waldshut links von der B 314 ein befestigter Feld/Waldweg ab, der hangaufwärts zur Paßhöhe und Eiche führt.

210 Maxeiche im Fürstlichen Tierpark bei Donaueschingen

212 Alte Aixheimer Linde

Baumart: Linde
Alter: 400-500 Jahre
Höhe: 21 m
Umfang: 385 cm
Krone: 16 m
Besonderheiten: Von weitem unscheinbar wirkend, zeigt die Sommerlinde beim Näherkommen Hinweise auf ihr hohes Alter, also Wucherungen am Stamm, knotige Äste, rissige Rinde, Patina aus Moosen und Flechten. Über drei Jahrhunderte, bis zu Anfang des 19.Jahrhunderts, wurden an der Linde amtliche Bekanntmachungen ausgerufen.
Standort: Vor der Kirche.

213 Linden am Allenspacher Hof bei Böttingen

Baumart: Linde
Alter: 350-400 Jahre
Höhe: 27 m
Umfang: 630 cm
Krone: 15 m

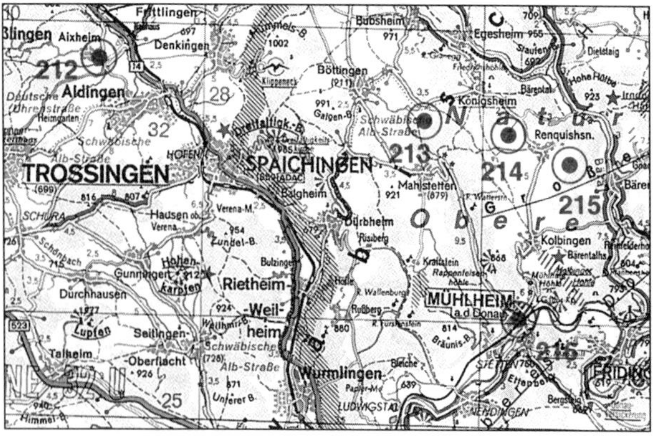

Besonderheiten: Das Bild dieses Baumes wird geprägt durch einen baumstarken Ast, der tief am Hauptstamm ansetzt, bogenförmig emporstrebt und eine eigene, kleine Krone bildet. 250 m weiter, auf freiem Feld, steht eine zweite Linde (U = 460 cm), die durch ihren flechtenbewachsenen, kurzen,zerfurchten Stamm uralt wirkt. Die tiefhängende Krone ist auffällig dicht beastet.
Standort: Von der Straße Böttingen – Königsheim zweigt in einer scharfen Linkskurve, etwa 1,5 km von Königsheim, der Weg zum Hof nach rechts ab. Diesem 200 m folgen.

214 Strittenbuche bei Renquishausen

Baumart: Buche
Alter: 250 Jahre
Höhe: 15 m
Umfang: 480 cm
Krone: 19 m

Besonderheiten: Diese alte Buche führt ein verstecktes, heimliches Dasein. Wer sie entdeckt, kann sich über den Anblick des urig geformten, moosbewachsenen Baumes freuen. In der Nähe steht ein unscheinbares, verwittertes Scheibenkreuz, eine Rarität, von der es nur noch wenige Exemplare geben soll. Der Name „Strittenbuche" ist von dem Flurnamen „Strittenbühl" abgeleitet.
Standort: In Renquishausen dem Ziegelweg 700 m, dann dem zweiten asphaltierten Feldweg 100 m nach rechts, darauf nach links dem Weg 400 m folgen. Kurz hinter der Rechtskurve steht die Buche etwas versteckt.

215 „Tellenbuche" bei Renquishausen

Baumart: Buche
Alter: 300 Jahre
Höhe: 21 m
Umfang: 630 cm
Krone: 23 m
Besonderheiten: Alte Buche mit wulstigem, aufgerissenem Erdstamm mit Ausbrüchen. Der Habitus mit den von diesem alten Sockel aufstrebenden Stämmen erinnert eher an eine Sommerlinde.
Standort: Von der „Angerstraße" in den asphaltierten Feldweg Richtung Bärenthal, Kolbingen (Wegweiser) einbiegen und diesem etwa 250 m folgen.

216 Gutleuthaus-Linde in Mühlheim

Baumart: Linde
Alter: 450 Jahre
Höhe: 14 m
Umfang: 515 cm
Krone: 14 m
Besonderheiten: Hohles, offenes Stammfragment mit kleiner, gestutzter Krone. Mächtige Aststümpfe lassen die früheren Dimensionen erahnen. Schäden am Stammfuß. Das Gutleuthaus wurde erstmals 1478 als Armen- und Siechenhaus erwähnt, von der Gemeinde aus eigenen Mitteln erbaut. 1478, 1569, 1570 und 1610 mit Stiftungen bedacht, deren Erträge bis zum Beginn des 20.Jahrhunderts den Unterhalt der Einrichtung sicherten.
Standort: An der Straßenkreuzung Mühlheim – Mahlstetten/Mühlheim – Kolbingen.

217 Die Wellingtonie bei Tuttlingen

Baumart: Sequoie
Alter: 128 Jahre
Höhe: 40 m
Umfang: 625 cm
Krone: 15 m

Besonderheiten: Mächtiger Mammutbaum mit harmonisch geformter, dichter und tiefbeasteter Krone. Er wurde 1866 auf Erlaß des Königs gepflanzt.

Standort: Etwa 1 km hinter dem Tuttlinger Ortsausgang in Richtung Neuhausen befindet sich am rechtsseitigen Waldrand ein Parkplatz mit dem Schild „Liptingen, Neuhausen“. Von dort führt ein Waldweg hangaufwärts nach Wehstetten. Nach 500 m steht an der Wegekreuzung eine Hütte. Dort zeigt ein Wegweiser die Wellingtonie an.

218 Richtplatzlinde in Schönau im Wiesetal

Baumart: Linde
Alter: 350 Jahre
Höhe: 21 m
Umfang: 380 cm
Krone: 16 m
Besonderheiten: Unauffälliger Baum mit durchgehendem Stamm und etagenförmig angeordneten Ästen. Hinweistafel am Baum: „Unter dieser Linde, als auf der Stätte des Hals- und Landgerichts der Talvogtei Schönau wurde das letzte Todesurteil gesprochen und vollstreckt am 18. Oktober 1737 im Beisein von Jack Beckert, Vogt und Landrichter, Paul Wetzel, Fiskal oder peinlicher Ankläger, Sebastian Lais, Fürsprecher des armen Sünders."
Standort: Auf dem ehemaligen Richtplatz neben der Kirche.

219 Douglasie an der Scheideckstraße bei Kandern

Baumart: Douglasie
Alter: 120 Jahre
Höhe: 56 m
Umfang: 400 cm
Krone: 14 m
Besonderheiten: Höchste der 1879 von August Freiherrn Teuffel von Birkensee gepflanzten Douglasien.
Standort: Unmittelbar links neben der von Kandern nach Steinen führenden Straße, etwa 1,5 km hinter Kandern.

220 Die „Teuffelstanne" bei Kandern

Baumart: Douglasie
Alter: 120 Jahre
Höhe: 54 m
Umfang: 380 cm
Krone: 18 m

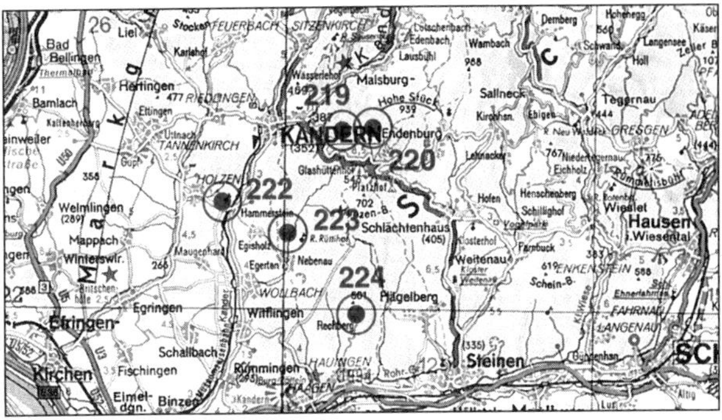

Besonderheiten: Grobborkiger, auf 15 m hochgeasteter Stamm mit voller, relativ schmaler Krone. Im Jahre 1879 von dem Kanderner Forstamtsleiter August Freiherrn Teuffel von Birkensee, einem Pionier des Douglasienanbaus, gepflanzt. Das Saatgut stammte von der Firma John Booth in Groß Flottbeck.
Standort: Von der Scheideckstraße zweigt in der ersten Rechtskurve, etwa 1 km hinter Kandern, ein Waldweg nach links ab. Diesem etwa 400 m folgen.

221 Große Tanne bei Gersbach

Baumart: Tanne
Alter: 400 Jahre
Höhe: 51 m
Umfang: 490 cm
Krone: 11 m
Besonderheiten: Tannen-/Fichten-Buchen-Bestand mit mehreren sehr alten Tannen, idyllisch am Wildbach gelegen. Starke Stelzfüße und wal-

zenförmiger, astfreier Schaft bis in 30 m Höhe. (Siehe: Zehn Baumgeschichten).
Standort: Zugangsweg „Große Tanne"; vom Parkplatz nördlich von Gersbach ausgehend.

222 Die Behleneiche bei Holzen

Baumart: Eiche
Alter: 300 Jahre
Höhe: 35 m
Umfang: 415 cm
Krone: 19 m
Besonderheiten: Schlanke Baumsäule, die sich in eine kugelige Krone mit gekrümmten Ästen teilt. Traubeneiche.
Standort: Am Ortseingang von Holzen – aus Richtung Hammerstein – etwa gegenüber dem ersten Haus auf der linken Seite nach rechts dem Weg zum Schützenhaus folgen. Von dort weitere 300 m in den Wald und nochmals 70 m nach rechts.

223 Die Wodanseiche bei Wollbach

Baumart: Eiche
Alter: 350 Jahre
Höhe: 31 m
Umfang: 500 cm
Krone: 24 m
Besonderheiten: Bis in etwa 12 m Höhe durchgehender Stamm mit unregelmäßig aufgebauter, vielgestaltiger Krone. Traubeneiche.
Standort: Am nördlichen Ortsausgang von Nebenau dem „Münzenbachweg" ca. 2 km in den Wald folgen. An der 1. Weggabelung rechts halten.

224 Die Spitzacker-eiche bei Hauingen

Baumart: Eiche
Alter: 200-300 Jahre
Höhe: 28 m
Umfang: 360 cm
Krone: 24 m
Besonderheiten: Traubeneiche mit großer, symmetrischer, hochangesetzter Krone. Hier soll früher ein Hof gestanden haben. Spitzacker ist eine Flurbezeichnung.
Standort: Von Hauingen nach Norden, kurz vor dem Parkplatz am Waldrand, 150 m hinter dem Rechberghof, nach rechts auf einen Waldweg Richtung Hauingen über Domhalden wechseln und diesem 200 m folgen. Die Eiche steht etwa 40 m links des Weges im Bestand.

225 Die „Große Eiche“ bei Brombach

Baumart: Eiche
Alter: 500-700 Jahre
Höhe: 26 m
Umfang: 715 cm
Krone: 14 m
Besonderheiten: Noch lebende Baumruine, Baumsäule voller Klüfte, Risse, mit riesigen Wucherungen und Aststümpfen. Traubeneiche.
Standort: Auf dem Dinkelberg. An der „Römerstraße“ zwischen Brombach und Ottwangen, ca. 400 m östlich der „Bühlerhütte“ (Wanderparkplatz), etwa 25 m rechts des Weges, ausgeschildert.

226 Die Kreuzeiche bei Brombach

Baumart: Eiche
Alter: 300-400 Jahre
Höhe: 22 m
Umfang: 520 cm
Krone: 18 m

Besonderheiten: Ab etwa 5 m Höhe tragen baumstarke, knorrige Äste die Krone. Die Herleitung des Namens ist nicht genau bestimmt. Stieleiche.

Standort: Links neben der Verbindungsstraße zwischen Lörrach und Adelhausen an der nach links abzweigenden Straße nach Brombach, etwa 1 km von Ottwangen. Parkplatz, Schutzhütte.

227 Alte Tannen und Fichten in der Wutachschlucht bei Bonndorf

Baumart: Tanne, Fichte
Alter: 250-300 Jahre
Höhe: über 40 m
Umfang: über 400 cm
Krone: 10-15 m
Besonderheiten: Naturschutzgebiet entlang der Wutach – 1000 ha – mit starken, alten Tannen und Fichten und Laubholzgesellschaften auf den Sommerhängen. Interessante Baumformen und Vergesellschaftungen. Fortsetzung am Ende der Gauchachschlucht.
Standort: Ausgang: Informationsstand am Parkplatz an der Straße von Bonndorf nach Neustadt.

228 Linde auf dem Lindenbuck bei Bonndorf

Baumart: Linde
Alter: 300 Jahre
Höhe: 15 m
Umfang: 280 cm
Krone: 7 m

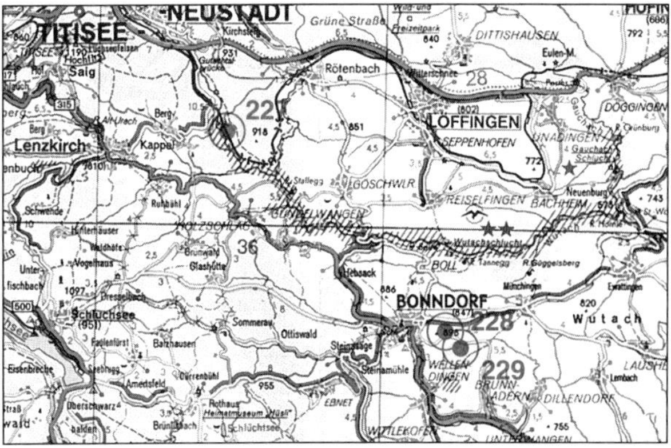

Besonderheiten: Alte Berglinde (Sommerlinde) in 900 m Höhe an einem Aussichtspunkt mit gutem Rundblick. Gefurchter, beuliger Stamm, hohl und ausgemauert. Die Kronenspitze ist teils ausgebrochen, teils trocken. Rest eines alten Lindenhains.
Standort: Auf exponierter Stelle auf dem Lindenbuck, am Südostrand Bonndorfs.

229 „Krummförle“ bei Bonndorf

Baumart: Kiefer
Alter: 250 Jahre
Höhe: 5 m
Umfang: 230 cm
Krone: 10 m
Besonderheiten: Kleine Kiefer mit seltsam verdrehten Ästen.
Standort: An der Straße „Am Lindenbuck“, 1,3 km hinter der Abzweigung von der L 171, östlich der Lindenbucklinde.

230 Buchengruppe am Totenbühl bei Niedergebisbach

Baumart: Buche
Alter: 250-300 Jahre
Höhe: 20 m
Umfang: 375 cm
Krone: 19 m
Besonderheiten: In der aus drei Buchen bestehenden Gruppe fällt besonders die oben beschriebene durch ein Gewirr stark gewundener Äste und Verwachsungsbrücken auf. Über den Totenbühl wurden früher die Verstorbenen zum Friedhof nach Ricklingen gebracht.
Standort: Von der Meierhofstraße in Niedergebisbach etwa 150 m hinter

dem zweiten Hof nach rechts dem Weg zum Totenbühl folgen. Die Buchen stehen auf der Anhöhe bei der neuen Kapelle.

231 Napoleonseiche bei Lauchringen

Baumart: Eiche
Alter: 250-300 Jahre
Höhe: 35 m
Umfang: 495 cm
Krone: 26 m
Besonderheiten: Traubeneiche mit durchgehender Stammsäule mit wenigen, knorrigen Ästen einer sehr hohen und hochangesetzten Krone.
Standort: Von der Straße Lauchringen – Bonndorf zweigt etwa 250 m vor der Brücke über die Ortsumgehung (B 314 neu) an der Feld-/Waldgrenze ein Weg nach rechts ab. Diesem Weg folgen: 120 m bis zur Brücke, weitere 70 m in den Bestand, gegenüber der Bank 40 m nach rechts, dann 100 m nach links, am Querweg 20 m nach links, dann 300 m nach rechts und am nächsten Querweg 100 m nach links.

232 Schindwasen-eiche bei Stockach

Baumart: Eiche
Alter: 350 Jahre
Höhe: 26 m
Umfang: 510 cm
Krone: 24 m
Besonderheiten: Stieleiche mit starkem Erdstamm bis 8 m Höhe, dann tiefreichende, große Krone. Eine schwächere Eiche (U = 350 cm) steht unmittelbar daneben. Beide Bäume bilden ein gefälliges Gesamtbild. Der Schindwasen war eine frühere Richtstätte.
Standort: Etwa 100 m hinter dem Autobahnanschluß „Stockach-Ost" nach links in einen Feldweg einbiegen (gegenüber der Abzweigung nach Airach), nach 50 m wieder nach links in einen zweiten Weg. Die Bäume stehen direkt an der Autobahn.

233 Platane in Espasingen

Baumart: Platane
Alter: 250 Jahre
Höhe: 25 m
Umfang: 570 cm
Krone: 26 m
Besonderheiten: Stattlicher Baum mit knorrigem Erdstamm und einigen auffälligen, sehr weit ausladenden und sich schlängelnden Ästen.
Standort: Am Brauereiplatz.

234 Eiche bei Espasingen

Baumart: Eiche
Alter: 300 Jahre
Höhe: 25 m
Umfang: 470 cm
Krone: 27 m
Besonderheiten: Trotz unauffälliger Abmessungen wirkt die Stieleiche

recht malerisch. Auffällig sind einige tief angesetzte, weit ausladende Äste, die über den Bach reichen.
Standort: An der Stockacher Aach. 50 m hinter dem Ortseingang von Espasingen aus Richtung Stockach nach rechts in den Feldweg einbiegen und diesem etwa 500 m folgen.

235 Mammutbaum in Bodmann

Baumart: Sequoie
Alter: 100 Jahre
Höhe: 26 m
Umfang: 565 cm
Krone: 13 m
Besonderheiten: Sehenswerter Baum mit dichter, gleichmäßig aufgebauter Krone.
Standort: In der Grünanlage hinter dem Verkehrsamt.

236 Victor-von-Scheffel-Linde auf dem Hohentwiel bei Singen

Baumart: Linde
Alter: 300 Jahre
Höhe: 14 m
Umfang: 380 cm
Krone: 20 m
Besonderheiten: Breite, schirmförmige Krone, deren Spitze ausgebrochen ist. Unter dieser Linde hat Victor von Scheffel im Jahre 1857 an seinem Buch „Ekkehard" gearbeitet.
Standort: Vor dem Gasthof zu Beginn des Aufstiegs zum Hohentwiel.

237 Eiche im Mainauwald bei Litzelstetten

Baumart: Eiche
Alter: 350 Jahre
Höhe: 30 m
Umfang: 525 cm
Krone: 20 m
Besonderheiten: Traubeneiche mit

Beulen, Astabbrüchen und Totholz. Gabelbaum mit zerzaust wirkender, kleiner Krone mit gewundenen Ästen. Schöne Rindenstrukturen.
Standort: Schotterweg gegenüber der Mainauzufahrt bis zur Querstraße, dann dort 250 m nach rechts.

238 Kaisereiche bei Litzelstetten

Baumart: Eiche
Alter: 350 Jahre
Höhe: 27 m
Umfang: 610 cm
Krone: 12 m
Besonderheiten: Hohe Baumsäule mit zahlreichen Beulen und Aststümpfen. Stärkste Traubeneiche im Bernadotte'schen Wald gegenüber der Mainau. Der Baum wirkt wie ein riesiger Totempfahl.
Standort: Dem Schotterweg gegenüber der Mainauzufahrt den Hang hinauf etwa 600 m sich rechts hal-

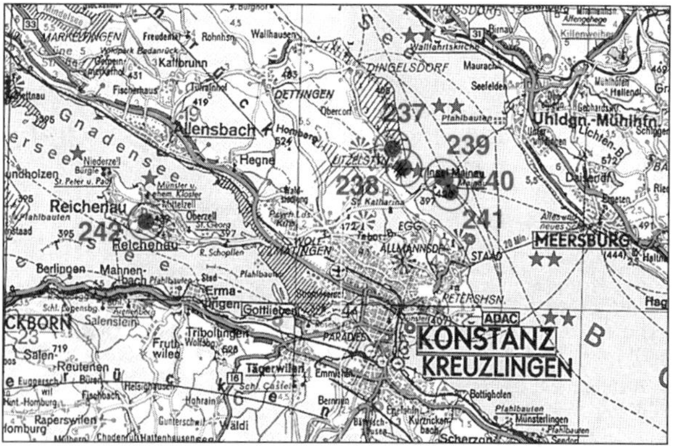

tend folgen, dann auf dem scharf nach rechts abzweigenden Waldweg weitere 200 m.

239 Viktorialinde auf der Mainau

Baumart: Linde
Alter: 132 Jahre
Höhe: 26 m
Umfang: 430 cm
Krone: 19 m
Besonderheiten: Von Großherzog Friedrich I. im Jahre 1862 anläßlich der Geburt seiner Tochter Viktoria, der späteren Königin von Schweden und Großmutter Graf Lennarts, gepflanzt.
Standort: Am Ausgang des Rosengartens.

240 Alte Hafenlinden auf der Mainau

Baumart: Linde
Alter: 300-400 Jahre
Höhe: 35 – 40 m
Umfang: 300-450 cm
Krone: 15-25 m
Besonderheiten: Starke Stämme, zusammen aufwachsend, stark abgesenkte Seitenäste. Erinnerung an die Zeit des Deutschritterordens (1272 bis 18o5) auf der Mainau.
Standort: Am Hafen der Mainau.

241 Esterhazy-Silberpappel auf der Mainau

Baumart: Pappel
Alter: 165 Jahre
Höhe: 34 m
Umfang: 560 cm
Krone: 20 m
Besonderheiten: Im Jahre 1830 vom Fürsten Nikolaus von Esterhazy gepflanzt. Der walzenförmige Schaft der Pappel löst sich in 6 m Höhe in

mehrere steil gestellt Achsen auf. (Siehe: Zehn Baumgeschichten)
Standort: Südlich des Hafens, auf der linken Seite des Weges zwischen Torbogen und Schloß.

242 Mittelzeller Linde auf der Reichenau

Baumart: Linde
Alter: 700 Jahre
Höhe: 18 m
Umfang: 820 cm
Krone: 15 m
Besonderheiten: Sommerlinde, deren wuchtiger, wulstiger Erdstamm völlig hohl ist und nur auf Stelzen zu stehen scheint.
Standort: Auf dem Dorfplatz, gegenüber dem Heimatmuseum.

Regierungsbezirk Tübingen

Kreis Tübingen

243 Eiche in Dettenhausen

Baumart: Eiche
Alter: 250-300 Jahre
Höhe: 22 m
Umfang: 555 cm
Krone: 21 m
Besonderheiten: Der starke Erdstamm der Stieleiche teilt sich in 4 m Höhe in eine vielgestaltige, kugelige Krone. Eine zweite Eiche steht etwa 100 m entfernt. Der Standort „Sauwiesen" deutet auf einen früheren Hutewald hin.
Standort: Am Sportplatz, Pfrondorfer Straße.

244 Die „Sulzeiche" bei Walddorfhäslach

Baumart: Eiche
Alter: 400 Jahre
Höhe: 22 m
Umfang: 590 cm
Krone: 27 m
Besonderheiten: Eindrucksvoller Solitär mit prächtiger Krone, deren untere Äste sich schlangenförmig weit ausstrecken. Benannt nach einer früheren Wildsuhle.
Standort: Am nördlichen Ortsrand des Ortsteils Walddorf führt ein Wanderweg von einem Parkplatz über die Autobahn und nach etwa 100 m zur Eiche am Waldrand.

245 „Burgereiche" bei Dettenhausen

Baumart: Eiche
Alter: 350 Jahre
Höhe: 22 m
Umfang: 485 cm
Krone: 24 m
Besonderheiten: Knorrige Starkäste tragen die breite, schirmförmige Krone der Stieleiche. Die Eiche ist

nach dem Leiter des Forstamtes Einsiedel, Hermann Burger, gest.1971, benannt. Der Eisenbachhain hat seinen Namen von dem Forstmeister Eisenbach, der hier seinem 1914 gefallenen Sohn einen Gedenkstein setzen ließ. Hier steht auch die unauffällige, abgängige Eisenbachhaineiche.
Standort: Am Rande des Naturschutzgebietes „Eisenbachhain", schräg gegenüber der Schutzhütte am Weg.

246 Eiche im Schönbuch bei Walddorfhäslach

Baumart: Eiche
Alter: 350 Jahre
Höhe: 28 m
Umfang: 585 cm
Krone: 17 m
Besonderheiten: Durchgehender, säulenförmiger Stamm mit markanter Rindenstruktur und Elefantenfüßen, stellenweise dicht mit Wasserreisern besetzt. Knorrige Trichterkrone. Eine zweite Eiche mit 400 cm Umfang steht 50 m entfernt.
Standort: Ca. 300 m westlich der Schutzhütte „Jägersitz", etwa 80 m rechts des Weges im Bestand.

247 „Kreuzbuche" im Schönbuch bei Dettenhausen

Baumart: Buche
Alter: 250 Jahre
Höhe: 31 m
Umfang: 460 cm
Krone: 23 m
Besonderheiten: Vom Habitus her eher unauffälliger Baum mit bemoosten Wurzelanläufen und rissiger Rinde. Zwischen den Wurzelanläufen befindet sich das sogenannte „Schwe-

denkreuz“ mit der Jahreszahl 1634, die sich auf den unglücklichen Ausgang der Schlacht bei Nördlingen am 26.8.1634 bezieht. Etwa 300 m entfernt steht die Bärlocheiche.
Standort: Von der Kreuzung B 27/B 464 etwa 1,5 km in Richtung Walddorfhäslach bis zum Parkplatz, dort dem einzigen Weg 1 km nach Südosten folgen. Die Buche steht links des Weges.
Weitere Bäume im Schönbuch: Begeht man vom nordöstlichen Ortsausgang von Kayh das „Kayher Sträßle“ in östlicher Richtung, trifft man auf mehrere bemerkenswerte Bäume: Am Waldrand nördlich von Kayh steht die „Zeppelineiche“, 600 m weiter die Ludwigseiche,

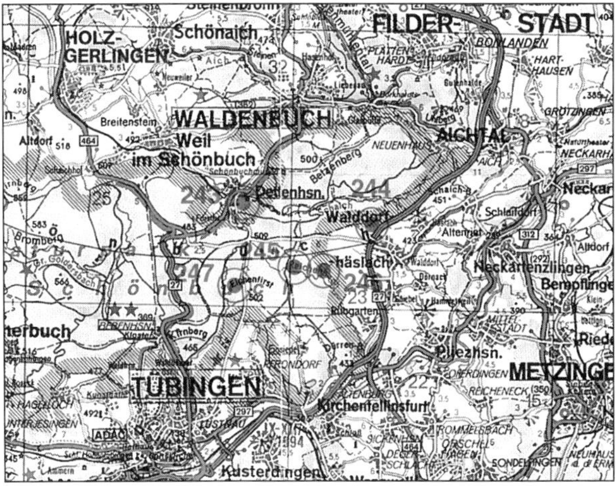

etwa 1,1 km östlich der Burgruine Müneck die Paulineneiche und von hier 1,4 km entfernt, am Steingart, die Kaiserlinde. Am Alten Jagdhüttenweg, an der Königsjagdhütte auf dem Steingart, steht die Charlotteneiche und am Neuen Jagdhüttenweg die Platoeiche. (Siehe: Zehn Baumgeschichten).

248 Die Linde in Belsen

Baumart: Linde
Alter: 300 Jahre
Höhe: 20 m
Umfang: 450 cm
Krone: 22 m
Besonderheiten: Fast jeder Ast weist starke, knotige Wucherungen und Krümmungen auf. Zum vergreist wirkenden Kronenbild paßt der zwar schlanke, aber zerfurchte, leicht beulige Stamm.
Standort: Am Ortsausgang in Richtung Beuren.

249 Linde bei Rommelsbach

Baumart: Linde
Alter: 450 Jahre
Höhe: 24 m
Umfang: 595 cm
Krone: 22 m
Besonderheiten: Der kurze, zerfurchte, hohle Erdstamm löst sich in mehrere, steil aufstrebende Kronenstämme auf. Die Krone zeigt Auflösungserscheinungen.
Standort: An der Straße von Rommelsbach nach Oferdingen, in einer scharfen Linkskurve, rechts neben der Straße.

250 Eiche am „Käpfle" bei Bronnweiler

Baumart: Eiche
Alter: 400 Jahre
Höhe: 25 m
Umfang: 640 cm
Krone: 21 m
Besonderheiten: Der mächtige Erdstamm der Stieleiche teilt sich in eine

lichte, zweistämmige Krone. Zahlreiche Astausbrüche. Auf einem Hügel bei Bronnweiler steht – weit sichtbar – die schöne, im Jahre 1871 gepflanzte „Friedenslinde“ (U = 290 cm).
Standort: Unterhalb des Waldrandes an der Ostseite des „Käpfle“, etwas versteckt in einem Feldgehölz, das sich vom Waldrand zur Straße hinabzieht.

251 Linde in Gönningen

Baumart: Linde
Alter: 400 Jahre
Höhe: 19 m
Umfang: 560 cm
Krone: 19 m
Besonderheiten: Sommerlinde mit auffallend starkem Stammfuß und mächtigen Wurzelanläufen. Der kurze, knorrige, zerfurchte Stamm teilt sich in geringer Höhe in eine kandelaberförmige Krone.
Standort: Vor dem Haus „Oschinger Straße“ Nr.4.

252 Linde in Mehrstetten

Baumart: Linde
Alter: 400-500 Jahre
Höhe: 12 m
Umfang: 750 cm
Krone: 15 m
Besonderheiten: Sommerlinde mit kurzem, außergewöhnlich formenreichem, wuchtigem Erdstamm mit Stelzen, Durchgängen und Öffnungen. Kleine, dichte Krone.
Standort: An der Böttinger Straße, am nördlichen Ortsrand.

253 Drei Linden auf dem Anger in Oberstetten

Baumart: Linde
Alter 200-250 Jahre
Höhe 27,28,22 m
Umfang 450,480,460 cm
Krone 18,20,17 m
Besonderheiten: Drei schöne, riesige Linden, jeweils durch Stahlanker zusammengehalten, beschatten den Rasen und Spielplatz. 1. und 2. Linde mit tiefangesetzten, dreigeteilten Kronen, 3. Baum Gabel. Die Stämme sind mit Beton ausgegossen.
Standort: Am südlichen Ortsende von Oberstetten auf der Straße „Am Anger" nach 50 m auf der linken Seite.

254 Linde bei Anhausen

Baumart: Linde
Alter: 400 Jahre
Höhe: 21 m
Umfang: 445 cm
Krone: 23 m
Besonderheiten: Eine alte Hoflinde mit großer Öffnung im Stammantel, flechtenbewachsener Rinde und elefantenfußartigen Wurzelanläufen. Es könnte auch die alte Dorflinde des

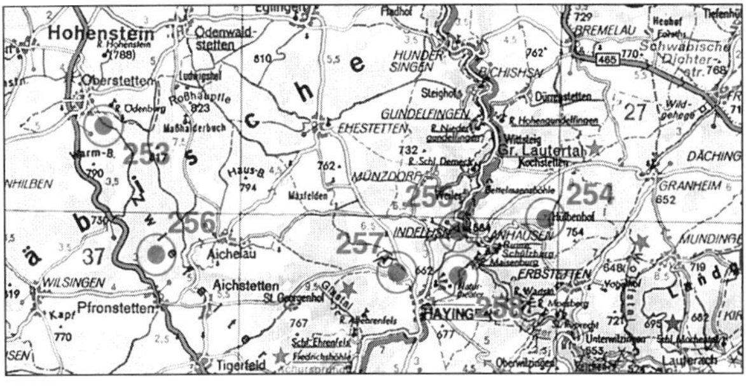

wüstgefallenen Dorfes Bolstetten oder die Linde an der einstigen St.Ursula-Kapelle sein.
Standort: Von der Straße nach Erbstetten auf den Feldweg zum Hülbenhof (Wegweiser links in einer scharfen Rechtskurve) abbiegen. 1 km weiter steht die Linde.

255 Hutebuche bei Indelhausen

Baumart: Buche
Alter: 250-300 Jahre
Höhe: 25 m
Umfang: 485 cm
Krone: 23 m
Besonderheiten: Alte Hutebuche mit verwittertem, bleigrauem Stamm und tief herabreichender Krone.
Standort: In Indelhausen dem Tiber-Fundelweg 1,3 km folgen. Die Buche steht etwa 40 m links des Weges, etwas versteckt.

256 „Hohe Buche" bei Pfronstetten

Baumart: Buche
Alter: 200 Jahre
Höhe: 35 m
Umfang 380 cm
Krone 14 m
Besonderheiten: Inmitten eines ca. 60-jährigen Buchenbestandes steht die alles überragende „Hohe Buche". Starke Schäden durch Sturm und Fäulnis.
Standort: Von Pfronstätten auf der B 312 nach Norden, etwa 500 m hinter dem Ortsende nach rechts abiegen, auf dem asphaltierten Feldweg am Sportplatz vorbei, nach 1 km rechts ab, wo 700 m weiter die Buche etwa 20 m rechts des Weges im Bestand steht. (Staatswald „Hohe Buche")

257 Linde in Hayingen

Baumart: Linde
Alter: 400 Jahre
Höhe: 23 m
Umfang: 610 cm
Krone: 25 m
Besonderheiten: Der zerfurchte Stammsockel der Sommerlinde teilt sich mehrfach in engstehende, steil aufstrebende, baumstarke Stämme, die eine mächtige Krone tragen. Eine schwächere Linde steht daneben. Die Anhöhe am Rande Hayingens wird auch als Galgenberg bezeichnet. Skelettfunde weisen auf den Standort der Linden als Gerichts- oder Richtstätte hin.
Standort: Am nördlichen Ortseingang, an der Abzweigung nach Aichstetten.

258 Weidbuche bei Hayingen

Baumart: Buche
Alter: 250 Jahre
Höhe: 19 m
Umfang: 440 cm
Krone: 25 m
Besonderheiten: Alte Weidbuche (Weid = Hute) mit ausladender Krone, rissigem Erdstamm und bemoosten Wurzelanläufen. Der eher unscheinbare Baum hat eine interessante Geschichte, die auf dem Bildstock neben der Buche nachzulesen ist. Am 24. Juni 1824 wurde hier ein Schäfer mit 225 Schafen vom Blitz erschlagen.
Standort: In Hayingen dem Maisenburger Weg folgen. Etwa 100 m hinter dem Feriendorf steht die Buche rechts des Weges.

259 Straßenlinden bei Merklingen

Baumart: Linde
Alter: 400 Jahre
Höhe: 2o,21,19 m
Umfang: 780,855,720 cm
Krone: 14,18,15 m

Besonderheiten: Hier wurden die auffälligsten dieser Sommerlinden beschrieben. Es stehen aber noch weitere, nicht ganz so starke Linden an der Straße. Bemerkenswert sind die mächtigen, meist hohlen, offenen und sehr zerfurchten, kurzen Stammsockel dieser Bäume, die relativ kleine Kronen tragen. Reste einer alten Allee.

Standort: Kurz vor Merklingen, an der Straße nach Hohenstadt.

260 Die „Walkstetter Linde“ bei Bernstadt

Baumart: Linde
Alter: 500 Jahre
Höhe: 19 m
Umfang: 715 cm
Krone: 30 m

Besonderheiten: Herrliche Sommerlinde mit riesiger Krone, deren geschwungene Äste sich weit ausdehnen und zusammen mit dem zerfurchten, faltigen und beuligen Stamm den Eindruck eines erstarrten Polypen vermitteln. Der Baum soll früher als Tanzlinde gedient haben.

Standort: Etwa 250 m hinter dem Ortsausgang Bernstadts in Richtung Westerstetten und 100 m links an einem Feldweg.

261 Die Ziegelhoflinde bei Ehingen

Baumart: Linde
Alter: 800-1000 Jahre
Höhe: 14 m
Umfang: 940 cm
Krone: 22 m

Besonderheiten: Bei dieser Sommerlinde dürfte es sich um einen der ältesten und urwüchsigsten Bäume des Landes handeln. Über dem gewaltigen Stammonument mit seinen Hohlräumen, Stelzen, ineinander verwobenen Stegen, Überwallungen, Figuren, Augen und Gesichtern steht eine nur noch kleine, geschwächte Krone. Die Hauptachsen sind durch Seile verbunden. Der Baum ist sanierungsbedürftig.

Standort: Am Ziegelhof, etwa 2,5 km nordwestlich von Ehingen, an der B 465.

262 Landgerichtsbuche bei Mundingen

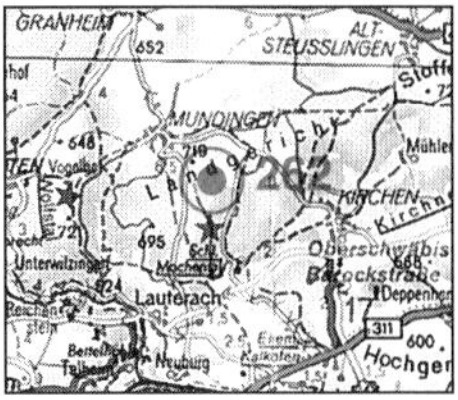

Baumart: Buche
Alter: 250 Jahre
Höhe: 18 m
Umfang: 555 cm
Krone: 19 m

Besonderheiten: Der stark beulige Erdstamm zeigt kleinere Verwachsungen, Teile sind ausgebrochen. Eine zweite, etwas stärkere Buche ist abgestorben. Zu der Baumgruppe gehören noch zwei junge Linden. An dieser Stelle befand sich um 1200 die Gerichtsstätte der Grafen von Wartstein.

Standort: 100 m links der Straße nach Lauterbach, etwa 1 km hinter Mundingen.

263 Eiche im Hausental bei Gruol

Baumart: Eiche
Alter: 300-400 Jahre
Höhe: 22 m
Umfang: 660 cm
Krone: 20 m

Besonderheiten: Mächtige Stammdimensionen. Durch Aststümpfe knorrig wirkende Krone. Schöner Bildstock am Baum. Die Stieleiche ist sanierungsbedürftig. Tiefer, breiter Riß, Brandschaden. Frühere Sanierung mit Betonplombe.
Standort: Rechts neben der Straße von Erlaheim nach Gruol.

264 Alte Linde vor der Burg Hohenzollern bei Hechingen

Baumart: Linde
Alter: ca.500 Jahre
Höhe: 7 m
Umfang: 440 cm
Krone: 5 m

Besonderheiten: Der Stamm ist hohl, die Krone weitgehend abgestorben und mit Stahlseilen gesichert. Die

aus dem 11.Jahrhundert stammende erste Burg wurde 1423 zerstört. Ab 1454 wurde die zweite Burg langsam erbaut, die im 18.Jhdt. verfiel. Diesem Bauabschnitt dürfte die Linde zuzuordnen sein, vielleicht als Baum der Wache. Urkundlich konnte sie nicht nachgewiesen werden. Die Burg ist zu besichtigen.
Standort: Wenige Meter vor dem Adlertor der Burg.

265 „Königslinde" im Hof der Burg Hohenzollern bei Hechingen

Baumart: Linde
Alter: 200 Jahre
Höhe: 24 m
Umfang: 260 cm
Krone: 19 m
Besonderheiten: Die Sommerlinde teilt sich in 6 m Höhe in mehrere Achsen auf. Vor ihr steht eine „Nürnberger Feldschlange". Am 23. August 1851 nahm unter der Linde Friedrich Wilhelm IV. die Huldigung der Bevölkerung entgegen, nachdem die hohenzollerischen Fürstentümer Hechingen und Sigmaringen 1850 in das Königreich Preußen eingegliedert worden waren. Die Linde muß also vor dem Bau der dritten Burg – ab 1850 – gestanden haben.
Standort: Im Burghof.

266 Schloßparklinde in Geislingen

Baumart: Linde
Alter: 350 Jahre
Höhe: 19 m
Umfang: 665 cm
Krone: 17 m
Besonderheiten: Ein gefurchter, mit zahlreichen Wucherungen besetzter,

hohler Erdstamm und die Krone mit baumstarken Ästen bestimmen den Habitus der Sommerlinde. In der anderen Ecke des Schloßgartens steht eine starke Robinie (U = 425 cm). Sehenswert: Das Wasserschloß. Standort: Im Schloßgarten, hinter dem Wasserschloß.

267 Weidbuche bei Meßstetten

Baumart: Buche
Alter: 250-300 Jahre
Höhe: 24 m
Umfang: 490 cm
Krone: 25 m
Besonderheiten: Auf knorpeligen, weitreichenden Wurzeln ruht der zerfurchte, von Flechten und Moosen besiedelte Stamm mit seiner tiefreichenden Krone. Die Flurbezeichnung „Kühbuchen“ weist auf die Nutzung hin.
Standort: Von der Straße Albstadt – Meßstetten zweigt nach links am

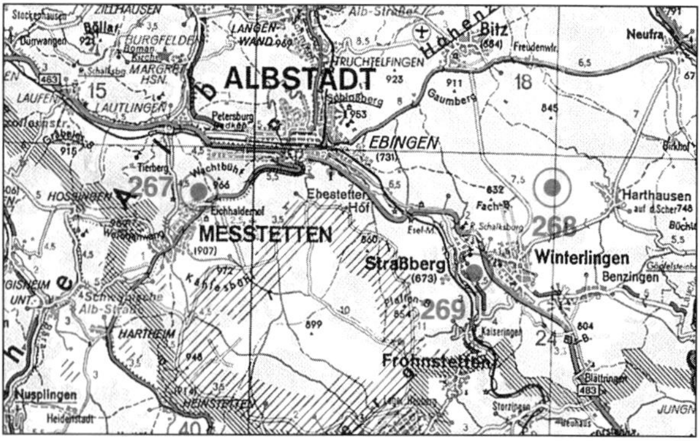

Wegweiser „Sandgrube“ eine kleine Straße ab, die nach 2 km zur Gaststätte „Sandgrube“ führt. Die Hutebuche steht etwa 120 m nördlich der Gaststätte am Hang.

268 „Büchli“ oder „Heustiegbuche“ bei Harthausen

Baumart: Buche
Alter: 200-250 Jahre
Höhe: 21 m
Umfang: 630 cm
Krone: 33 m
Besonderheiten: Stark gefurchter, wulstiger Erdstamm und sehr dichte, vielastige Krone mit vielen Verwachsungen. Weite Baldachinkrone. Sehr formenreiches und faszinierendes Naturdenkmal.
Standort: Der Fortsetzung der Straße „Im Kai“ etwa 1 km in Richtung Heutal folgen, ausgehend von der Wegegabelung Im Kai/Bitzer Weg.

269 „Frau Buch“ bei Straßberg

Baumart: Buche
Alter: 250-300 Jahre
Höhe: 21 m
Umfang: 600 cm
Krone: 19 m
Besonderheiten: Kleine Buche mit extrem beuligem, hohlem Erdstamm voller Figuren und Köpfe.
Standort: Der Kapellenstraße und anschließend dem Weg „Sonnenhalde“ etwa 1,5 km folgen.

270 Linden am Kloster Heiligkreuztal

Baumart: Linde
Alter: 250-300 Jahre
Höhe: 32 m
Umfang: 430 cm
Krone: 12 m
Besonderheiten: Gerader, walzenförmiger Schaft mit hoher, gleichmäßiger Krone. An der Westseite, unmittelbar hinter der Klostermauer, stehen weitere, wuchtige Linden und im Süden Eichen. Allee von Säulen-Hainbuchen am Weg zum Weiher und entlang des Weihers. Vor dem Münster: Reihe junger, türkischer Haselnußbäume.
Standort: An der Nordwestecke der Klostermauer, an der Weide 30 m links des Weges zum Weiher.

271 Linde in Mittelbiberach

Baumart: Linde
Alter: 350 Jahre
Höhe: 28 m
Umfang: 595 cm
Krone: 23 m
Besonderheiten: Alte Sommerlinde mit typischer Kandelaberform in einem etwas verwilderten ehemaligen Schloßpark.
Standort: Ecke Zeppelinstraße/Ayestraße.

272 Spöckhau-Eiche bei Beuren

Baumart: Eiche
Alter: 350-400 Jahre
Höhe: 28 m
Umfang: 580 cm
Krone: 24 m
Besonderheiten: Alte Stieleiche mit starkem Erdstamm und dem typischen Habitus eines Waldbaumes.

Knorrig wirkt die große, z.Zt. etwas schüttere Krone. Eine zweite Eiche steht 50 m entfernt.
Standort: Von Beuren nach Norden der „Heiligkreuztaler Straße“ folgen, an der 1. Wegegabelung rechts halten, unmittelbar vor dem Waldeintritt nach links abbiegen und diesen Weg bis 10 m vor der Waldgrenze auf der rechten Seite benutzen, dann auf dem Waldweg etwa 50 m in den Bestand hineingehen.

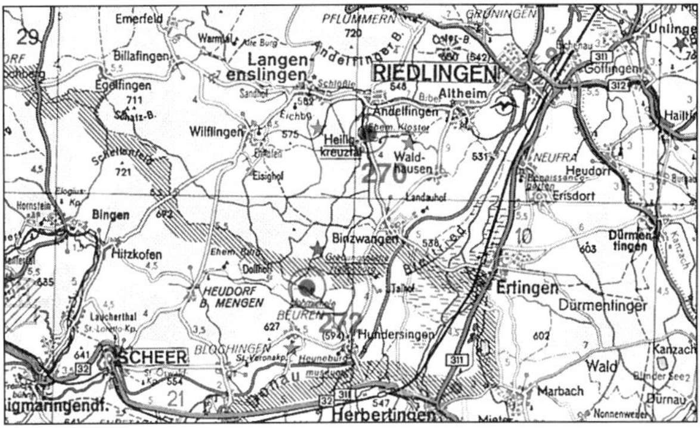

273 Linde bei Scheer

Baumart: Linde
Alter: 250 Jahre
Höhe: 29 m
Umfang: 475 cm
Krone: 21 m
Besonderheiten: Markante, solitäre Sommerlinde. Die schlanke Krone wird von steil aufstrebenden Stämmen getragen.
Standort: Links der Straße von Scheer nach Lauchenthal.

274 Fürstin-Margarete-Eiche bei Sigmaringen

Baumart: Eiche
Alter: 350-400 Jahre
Höhe: 30 m
Umfang: 635 cm
Krone: 25 m
Besonderheiten: Eindrucksvolle, alleinstehende Stieleiche, ohne jeden Makel. Ein mächtiger Stamm und eine reich strukturierte, riesige Krone machen den Baum zum Blickfang. Weitere Eichen stehen auf der Wiese und am Weiher. Mächtige Buchen wachsen in der Umgebung des Jagd-

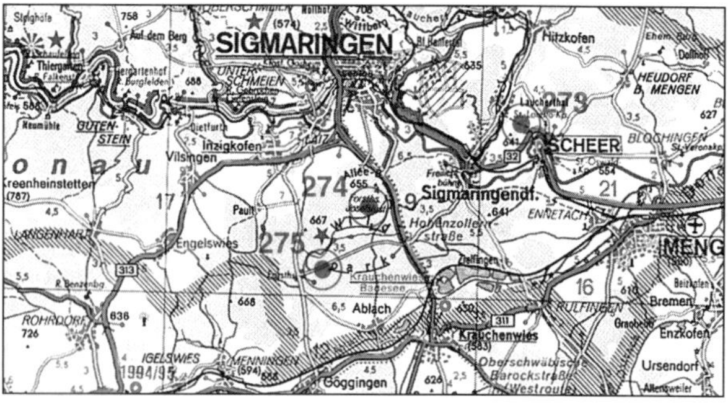

schlosses. Der Wildpark Josephslust der Grafen von Zollern besteht seit 1535. Das Schloß wurde 1727 erbaut. Standort: Rechts am Weg, vom Jagdschloß Josephslust zum Ablacher Weiher, auf einer Wildwiese.

275 Buche im Wildpark Josephslust bei Sigmaringen

Baumart: Buche
Alter: 300 Jahre
Höhe: 23 m
Umfang: 375 cm
Krone: 20 m
Besonderheiten: Ins Auge fallen die vielen gewundenen, langen, moosbewachsenen Äste und der figurenhafte Stamm. Ein Baum von märchenhafter Ausstrahlung.
Standort: Am Hochschirmsträßle, am westlichen Rand des Wildparks, 250 m östlich der Straße Inzighofen-Göggingen.

276 Zwei Ulmen mit Wegkreuz bei Marbach

Baumart: Ulme
Alter: 250 Jahre
Höhe: 27,27 m
Umfang: 485,385 cm
Krone: zus.26 m
Besonderheiten: Schöne Kombination zweier großkroniger Ulmen mit einem Wegkreuz.
Standort: Rechts neben der Straße von Marbach nach Moosheim, etwa 300 m hinter Marbach.

277 Die Esche in Boll

Baumart: Esche
Alter: 250-300 Jahre
Höhe: 25 m
Umfang: 660 cm
Krone: 26 m

Besonderheiten: Über einem mächtigen, aber kurzen Erdstamm erhebt sich eine riesige, vitale, vielstämmige Krone.
Standort: Am Weg zum Friedhof.

278 Feldlinde bei Wattenreute

Baumart: Linde
Alter: 300 Jahre
Höhe: 24 m
Umfang: 630 cm
Krone: 21 m
Besonderheiten: Harmonische Baumgestalt auf freiem Feld.
Standort: Etwa auf Höhe der Ortschaft Wattenreute, am Ortsausgang in Richtung Pfullendort 200 m östlich der Hauptstraße.

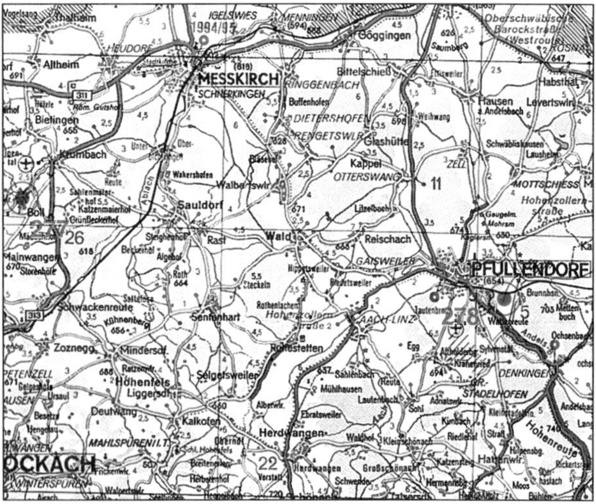

279 Linde in Bad Waldsee

Baumart: Linde
Alter: 400 Jahre
Höhe: 22 m
Umfang: 710 cm
Krone: 17 m
Besonderheiten: Sommerlinde mit stark abholzigem, obeliskenartigem Hauptstamm, der außerordentlich starke Wucherungen im unteren Bereich aufweist. Bei der Anlage des Schloßparks gepflanzt.
Standort: An der Steinacher Straße gegenüber dem Kindergarten.

280 Hoflinde in Mennisweiler

Baumart: Linde
Alter: 350 Jahre
Höhe: 30 m
Umfang: 675 cm
Krone: 25 m
Besonderheiten: Alte Sommerlinde mit kurzem, zerfurchtem Erdstamm und mächtiger Krone, das Dorf überragend. Vermutlich zu Ende des Dreißigjährigen Krieges als Friedenslinde gepflanzt.
Standort: Ortsmitte

281 Die Stiereiche bei Fronhofen

Baumart: Eiche
Alter: 400 Jahre
Höhe: 34 m
Umfang: 670 cm
Krone: 22 m
Besonderheiten: Gewaltige Stieleiche, die zu einem früheren Hutebestand gehörte (Stierweide). Auffallende Stammhöhlung nach Ausbruch eines Starkastes. Sie besitzt eine hohe, aus baumstarken Achsen gebildete Krone.

Standort: Etwa 1 km hinter Fronhofen in Richtung Baienbach nach rechts in Richtung Wiesentann – Wengen abbiegen, nach 150 m an der Linde links halten, am Waldrand nach 300 m nochmals nach rechts abbiegen und dem Weg 50 m folgen.

282 Bergahorn bei Bergatreute

Baumart: Ahorn
Alter: 150-200 Jahre
Höhe: 18 m
Umfang: 390 cm
Krone: 20 m
Besonderheiten: Reizvoller Baum mit einer aus feingliedrigen, strah-

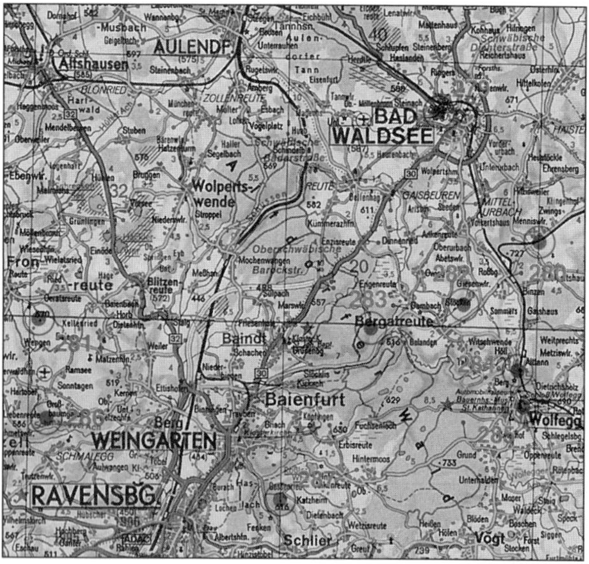

lenförmig sich ausdehnenden Ästen geformten Krone. Daneben steht ein altes Wegekreuz mit Bildstock.
Standort: Auf der linken Seite der Straße nach Bad Wurzach.

283 „Zigeunertannen“ bei Bolanden

Baumart: Fichte
Alter: 200 Jahre
Höhe: 46 m
Umfang: 515 cm
Krone: 12 m
Besonderheiten: Eindrucksvolle Dimensionen. Eine zweite, etwas schwächere zweistämmige Fichte steht in der Nähe. Früher lagerten hier gerne Zigeuner.
Standort: An der linken Seite der Straße von Baienfurt nach Bergatreute. Etwa 70 m von dem Wegweiser „Kläranlage Bergatreute“, bzw. 170 m vor der Abzweigung nach Bolanden, nach 50 m links im Bestand.

284 „Schillerlinde“ in Alttann

Baumart: Linde
Alter: 90 Jahre
Höhe: 23 m
Umfang: 400 cm
Krone: 20 m
Besonderheiten: Durch seine makellose Form bestechende Linde, die zum 100. Todestag des Dichters gepflanzt wurde.
Standort: Aus Richtung Bad Waldsee kommend links vor der Ortsdurchfahrt, auf einer Anhöhe.

285 „Pius-Linde" in Wolfegg

Baumart: Linde
Alter: 125 Jahre
Höhe: 26 m
Umfang: 440 cm
Krone: 22 m

Besonderheiten: Aus einem sockelförmigen Erdstamm entspringt eine gewaltige Krone. In der gepflegten Grünanlage kommt die Linde hervorragend zur Geltung. Sie wurde zum 50. Priesterjubuläum des Papstes Pius IX. gepflanzt. Daneben steht die schwächere „Leo-Linde"aus dem Jahre 1887.

Standort: Ortsmitte.

286 Königstanne bei Schmaleck

Baumart: Tanne
Alter: 200 Jahre
Höhe: 45 m
Umfang: 440 cm
Krone: 13 m

Besonderheiten: Mächtige, etwa bis zur halben Höhe bekronte Tanne. Weitere interessante Bäume: An der Straße Baienfurt-Bergatreute stehen die beiden „Zigeuner-Tannen", zwei etwa 200-jährige Fichten. Eine sehenswerte Zwillingsstieleiche, etwa 250 Jahre alt, mit einem Stammumfang von 5 m, steht im Baugebiet Huberesch III der Ravensburger Weststadt.

Standort: Von der Straße Berg-Zogenweiler, kurz vor der Gemarkung Furt nach links in die Straße nach Schwarzhäusle, über Liebenreute, einbiegen. Am Waldeintritt bei Schwarzhäusle noch weitere 200 m weitergehen.

287 Die Zundelbacher Linde

Baumart: Linde
Alter: 350 Jahre
Höhe: 18 m
Umfang: 495 cm
Krone: 26 m
Besonderheiten: Winterlinde. Über dem zerfurchten Erdstamm wölbt sich eine weit ausladende, kugelige Krone.
Standort: Etwa 100 m vor dem Zundelbachhof führt der „Katzenstieg“ nach rechts hinauf zur Linde.

288 Linde bei Kißlegg

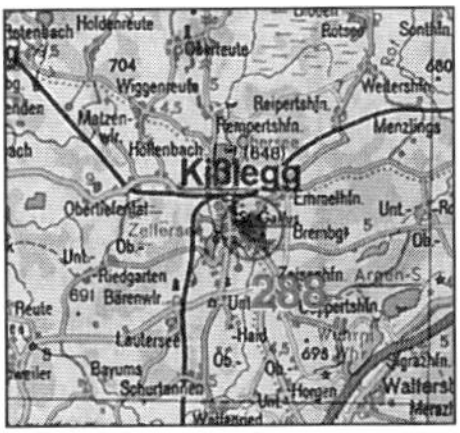

Baumart: Linde
Alter: 400 Jahre
Höhe: 32 m
Umfang: 820 cm
Krone: 26 m
Besonderheiten: Obwohl ein großer Teil des Stammes ausgebrochen ist, weist die Sommerlinde noch immer beachtliche Dimensionen auf. Ein zerfurchter Stammsockel teilt sich in geringer Höhe in aufstrebende, baumstarke Einzelstämme.
Standort: Auf dem Hof der Familie Kling in Kißlegg-Becken.

289 Alte Hoflinde bei Ratzenried

Baumart: Linde
Alter: über 400 Jahre
Höhe: 32 m
Umfang: 810 cm
Krone: 23 m
Besonderheiten: Eindrucksvolle, aus zwei Sommerlinden zusammengewachsene Baumskulptur.
Standort: Rechts der Straße Ratzenried – Weihers, neben den freigelegten Grundmauern des um 1600 abgegangenen Hofes „Bruggen“.

290 Tausendjährige Linde in Hohenbodmann

Baumart: Linde
Alter: 800-1000 Jahre
Höhe: 23 m
Umfang: 1010 cm
Krone: 22 m
Besonderheiten: Der gewaltige Erdstamm teilt sich in etwa 3 m Höhe in mehrere baumstarke Triebe auf. Stamm und Starkäste sind hohl. Die Krone ist durch Sanierung stark gestutzt. Sommerlinde.
Standort: Mitten im Dorf.

291 Gerichtslinde in Heiligenberg

Baumart: Linde
Alter: über 500 Jahre
Höhe: 17 m
Umfang: 600 cm
Krone: 16 m
Besonderheiten: Sommerlinde, hohler, offener Stammtorso mit z.T. junger Krone mit bizarr geformten Ästen. Hinweistafel: „... gepflanzt im 12.Jhdt, frühere Gerichtsstätte ... seit 1849 im Besitz des Hotels „Post“.
Standort: An der Ortsdurchfahrt neben dem Eingang zum Schloß.

292 Burkhardslinde in Sipplingen

Baumart: Linde
Alter: 450 Jahre
Höhe: 17 m
Umfang: 600 cm
Krone: 17 m
Besonderheiten: Kleiner Baum mit bizarr geformtem, seltsam gedrehtem Erdstamm. Freigelegte Wurzel an der Hangseite.
Standort: Neben dem Gasthof „Haldenhof“.

293 Hildegard-Lärche bei Sipplingen

Baumart: Lärche
Alter: 250 Jahre
Höhe: 44 m
Umfang: 470 cm
Krone: 15 m
Besonderheiten: Hinweistafel: „Zur Erinnerung an die Gräfin Hildegard, die ihren Waldbesitz den Bürgern der umliegenden Ortschaften und dem Spital Überlingen gestiftet haben soll..." Eine der stärksten Lärchen des Landes , 25 fm.
Standort: 50 m vor der Gabelung Haldenhofweg/Sipplingerberg – aus Bonndorf kommend – nach rechts in einen Waldweg abbiegen, diesem 500 m folgen und sich rechts halten.

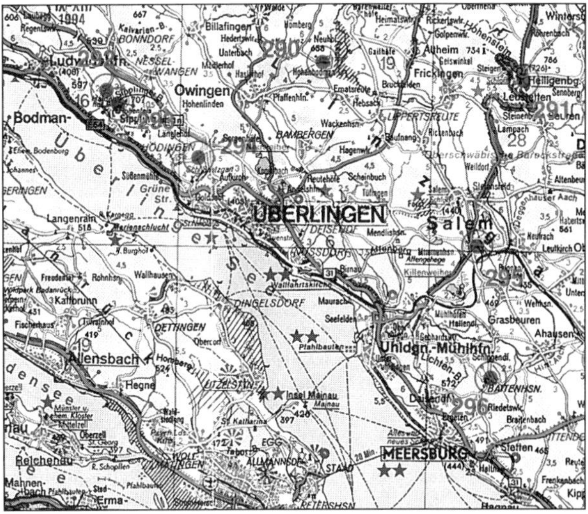

294 Drei Linden bei Hödingen

Baumart: Linde
Alter: 300 Jahre
Höhe: 27 m
Umfang: 500 cm
Krone: 24 m

Besonderheiten: Die stärkste Linde der Gruppe ist hier beschrieben. Eindrucksvoller Blickfang. Winterlinden.

Standort: Unmittelbar neben der Straße von Nesselwangen nach Überlingen, an der Abzweigung nach Hödingen.

295 Linde in Mimmenhausen

Baumart: Linde
Alter: 400-500 Jahre
Höhe: 22 m
Umfang: 665 cm
Krone: 18 m

Besonderheiten: Zerfurchter, wulstiger Stammtorso mit jüngerer Krone.

Standort: Ortsmitte.

296 Eiche bei Baitenhausen

Baumart: Eiche
Alter: 300 Jahre
Höhe: 35 m
Umfang: 545 cm
Krone: 20 m

Besonderheiten: Mächtige Baumsäule mit hoch angesetzter, kugeliger Krone und auffallenden Wurzelanläufen.

Standort: Etwa 600 m hinter dem Ortsausgang von Grasbeuren in Richtung Baitenhausen auf einem Feld-/Waldweg ca. 300 m bis zu einer Kreuzung von Waldwegen. Weitere 50 m geradeaus und dann etwa 30 m nach rechts im Bestand.

297 Eiche bei Eriskirch

Baumart: Eiche
Alter: 300 Jahre
Höhe: 34 m
Umfang: 540 cm
Krone: 20 m

Besonderheiten: Stieleiche mit hoher Stammsäule, über der starke Stämme eine trichterförmige Krone tragen. Eine etwas schwächere Eiche steht etwa 50 m entfernt.

Standort: 1,2 km hinter dem Ortsausgang von Eriskirch von der Straße nach Friedrichshafen nach rechts auf einem Waldweg in den Bestand abbiegen, nach 250 m nach links auf einen anderen Waldweg wechseln, etwa 70 m nach der zweiten Wegekreuzung und 50 m nach links in den Bestand hineingehen.

Ortsregister mit Nummern der Bäume

Hilfe für alte Bäume

Untersuchungen haben gezeigt, daß das Wurzelwachstum der Altbäume von Natur aus schwächer ist und durch die zunehmende Versauerung der Böden zusätzlich stark beeinträchtigt wird. Hinzu kommt, daß alte Bäume ein tiefes Wurzelwerk besitzen, das bis in den Unterboden reicht. Gerade hier sind die Schadstoffe besonders konzentriert. Die Wurzeln im tieferen Bereich verkümmern und können so einen Großteil ihrer Funktionen nicht mehr erfüllen. Die Folge: Viele alte Bäume sterben frühzeitig.
Hilfe muß vor allem bei der Bodenverbesserung ansetzen. Im Anschluß an eine eingehende Bodenanalyse sind Wurzelraumbelüftung, Düngung, Erhöhung der Wasserspeicherfähigkeit und teilweise Bepflanzung des Traufbereiches die wichtigsten Maßnahmen.

Die Sorge um die alten Bäume führte am 7. Februar 1988 zur Gründung des Kuratoriums Alte liebenswerte Bäume in Deutschland e.V. Ziel des Kuratoriums ist die Rettung und Erhaltung alter liebenswerter Bäume, unseres Waldes und unserer Natur. Das Kuratorium arbeitet dabei eng

mit der „Schutzgemeinschaft Deutscher Wald“ zusammen.
Maßnahmen zur Rettung alter Bäume können durch persönliche, gemeinsame und öffentliche Baumpatenschaften eingeleitet werden. Das Kuratorium veranlaßt eine Bodenuntersuchung, das Freistellen des Baumes, Belüftung des Wurzelraumes und Düngung in verschiedenen Tiefen und - wenn nötig - chirurgische Eingriffe.

Werden Sie Baumpate, wenden Sie sich an das Kuratorium.

Literaturhinweise

Betz, G.	Naturwunder Baden-Württemberg München + Luzern 1984
Bücking, W. Ott, W. Püttmann, W.	Geheimnis Wald, Waldschutzgebiete in Baden-Württemberg Leinfelden-Echterdingen 1994
Deutscher Heimatbund	Erfassung der historischen Gärten und Parks in der Bundesrepublik Deutschland Bonn 1992
Feucht, O.	Parkbäume und Ziersträucher Stuttgart 1910
Fröhlich, H.J.	Alte liebenswerte Bäume in Deutschland C.Ahlering Verlag, Hamburg 1989 Wege zu alten Bäumen, Band 1 bis 11 wdv-Wirtschaftsdienst Frankfurt/M. 1990 - 1994
Goerss, H.	Unsere Baumveteranen Landbuchverlag Hannover 1981
Hockenjos, W.	Begegnung mit Bäumen Stuttgart 1979
Kgl.Württm.Forstdirektion	Schwäbisches Baumbuch Stuttgart 1911
Klein, L.	Bemerkenswerte Bäume im Großherzogtum Baden Heidelberg 1908
Landeszentrale für politische Bildung Baden-Württemberg	Baden-Württemberg Eine kleine politische Landeskunde 1993
Landkreise und kreisfreie Städte	Schriften über Naturdenkmale
Ministerium für ländlichen Raum, Ernährung, Landwirtschaft u.Forsten	Wald, Ökologie und Naturschutz 1993

Buchreihe

In der Buchreihe "Wege zu alten Bäumen" sind bisher erschienen:

Bd. 1 Hessen 1990

Bd.2 Bayern 1991

Bd.3 Rheinland-Pfalz/Saarland 1991

Bd.4 Nordrhein-Westfalen 1992

Bd.5 Niedersachsen 1993

Bd.6 Schleswig-Holstein/Hamburg/Bremen 1994

Bd.7 Sachsen-Anhalt 1994

Bd.8 Brandenburg 1994

Bd.9 Mecklenburg-Vorpommern 1994

Bd. 10 Thüringen 1994

Bd. 11 Sachsen 1994

Sie können diese Bücher im Buchhandel oder direkt beim Verlag bestellen.

Bestelladresse:
WDV Wirtschaftsdienst
Vertrieb Touristik
Dieselstraße 36
63071 Offenbach

Mein besonderer Dank

gilt zum Abschluß dieser Reihe in erster Linie dem wdv-Verlag mit seinen Mitarbeitern in Frankfurt, Offenbach und München, hier besonders Frau Ehrnsperger, Herrn Dieter Strothmann und Herrn Michael Ewerbeck. Sie alle haben sich mit Sorgfalt und Liebe der Aufgabe gewidmet. Insbesondere der Verleger, Herr Diether Kuhn und sein Geschäftsführer, Herr Adolf Hilger, haben kein Risiko und keine Mühe gescheut, die zwölf Bände zur Veröffentlichung zu bringen. Stets waren sie Motor und Behüter zugleich und immer für die Baumidee da.

Ein Großteil der Außenaufnahmen wurde in bewährter Weise und mit großer Umsicht wiederum von Herrn Dipl.Forstwirt Arno Leffers bewerkstelligt. Er mußte weite Fahrstrecken zurücklegen, viele Gespräche führen und manchen Standort mühsam erkunden. Dank und weiterhin so viel Erfolg.

Herr Walter Obertreis hat als guter Mitstreiter des Kuratoriums sowohl zahlreiche Außenaufnahmen getätigt, wirksam und liebevoll von seiner Frau Yvonne-Harriet unterstützt, als auch die Infrastruktur und datenmäßige Verarbeitung gekonnt bewältigt.

Die Kreise Rastatt und Baden-Baden wurden im Rahmen einer Diplomarbeit von Heiko Stösser bearbeitet – eine gute Schule für eine wünschenswerte forstliche Zukunft.

Frau Alexandra Matthies hat sich um Literatur und um Bäume vor Ort wiederum in dankenswerter Weise sehr erfolgreich bemüht.

Der umfangreiche Schriftverkehr, die sorgfältige Bearbeitung von Detailfragen und die konzeptionelle Ausarbeitung wurden wiederum in vortrefflicher Weise von Frau Erika Münzel und Frau Rita Tettenborn bewältigt.

Die Aufnahme wäre jedoch nicht so reibungslos und umfassend gelaufen, hätte nicht die Forstverwaltung von Baden-Württemberg mit all ihren Forstämtern und Revierförstereien so positiv mitgearbeitet, ein Musterbeispiel guter Naturschutzarbeit wie vor neun Jahrzehnten.

Dem Leiter der Landesforstverwaltung, Herrn Landesforstpräsident Dr.Wilfried Ott, gilt unser besonderer Dank in alter Verbundenheit.

Auch die Naturschutzbehörden und die Kreisbeauftragten für Naturschutz haben überwiegend die Arbeiten sehr positiv gefördert.

Viele private Natur- und Baumfreunde haben uns Hinweise und Fotos übersandt.

Mögen alle an den vielen alten, liebenswerten Bäume in Baden-Württemberg Freude und Hoffnung finden.

Wer einen weiteren Baum benennen will

____
(Land)

Name (falls bekannt): ______________________________
(immer mit Ortsangabe z.B. „Kaisereiche bei Landshut“

Lage:

Regierungsbezirk: ______________________________

Kreis: ______________________________

Forstamt: ______________________________

Gemarkung: ______________________________

Kreis oder kreisfreie Stadt: ______________________________

Beschreibung des Weges zum Baum und Kennzeichnung seines Standortes:

____

____

____

____

Sie können auch einen Kartenausschnitt mit eingezeichnetem Standort einsenden, das erleichtert das Auffinden.

Beschreibung des Baumes:

Alter geschätzt (s) oder gemessen (m): ______________________________

Höhe in Metern geschätzt (s) oder gemessen (m): ______________________________

Umfang in 1,3 m Höhe in Zentimetern:________________

Kronendurchmesser im Mittel in Metern:________________

Naturdenkmal (falls bekannt): ja / nein

Eigentümer: ______________________________

____

Besonderheiten des Baumes: (z.B. vollbekronter Solitär mit auffallend geschwungenen Ästen, Krankheiten)

____

____

____

Geschichte und Literatur (falls bekannt):

____

____

____

____

____
(Land)

Name (falls bekannt): ______________________________
(immer mit Ortsangabe z.B. „Kaisereiche bei Landshut“

Lage:

Regierungsbezirk: ______________________________

Kreis: ______________________________

Forstamt: ______________________________

Gemarkung: ______________________________

Kreis oder kreisfreie Stadt: ______________________________

Beschreibung des Weges zum Baum und Kennzeichnung seines Standortes:

____

____

____

____

Sie können auch einen Kartenausschnitt mit eingezeichnetem Standort einsenden, das erleichtert das Auffinden.

Beschreibung des Baumes:

Alter geschätzt (s) oder gemessen (m): ______________________________

Höhe in Metern geschätzt (s) oder gemessen (m): ______________________________

Umfang in 1,3 m Höhe in Zentimetern: ____________________

Kronendurchmesser im Mittel in Metern: ____________________

Naturdenkmal (falls bekannt): ja / nein

Eigentümer: ____________________

____

Besonderheiten des Baumes: (z.B. vollbekronter Solitär mit auffallend geschwungenen Ästen, Krankheiten)

____

____

____

Geschichte und Literatur (falls bekannt):

____

____

____

____

An
Kuratorium
Alte Liebenswerte Bäume
Wandersmannstraße 60

65205 Wiesbaden-Erbenheim